EXPOSITION

DU

SYSTÈME DES VENTS,

OU

TRAITÉ DU MOUVEMENT DE L'AIR

A LA SURFACE DU GLOBE

ET DANS LES RÉGIONS ÉLEVÉES DE L'ATMOSPHÈRE,

Par M. LARTIGUE,

CAPITAINE DE VAISSEAU, COMMANDEUR DE LA LÉGION D'HONNEUR.

> La nature agit toujours par des procédés simples, et les moyens qu'elle emploie ne nous paraissent compliqués que lorsque, faute d'en bien saisir l'ensemble, nous cherchons des causes diverses à des effets qui n'émanent cependant que d'une même source.
>
> LA COUDRAIS.—*Théorie des vents.*

DEUXIÈME ÉDITION.

PRIX : 2 FRANCS.

PARIS,

LIBRAIRIE HYDROGRAPHIQUE DE ROBIQUET,

Rue Pavée-Saint-André-des-Arts, n° 2.

1855

IMPRIMERIE DE PAUL DUPONT,
Rue de Grenelle-Saint-Honoré, 45.

C.

AVANT-PROPOS.

En 1840, j'ai publié la première édition d'un ouvage ayant pour titre : *Exposition du système des vents*. Dans cette édition, je n'ai parlé que des vents qui règnent à la surface du globe, et je me suis borné à donner quelques indications sur les courants d'air dans les couches supérieures de l'atmosphère. Je présentai cet ouvrage à l'Académie des sciences, et M. de Freycinet, après avoir reconnu qu'il avait pour base des faits observés par moi-même, confirmés d'ailleurs par les journaux et les tables de loch d'un grand nombre de navigateurs, ainsi que par les diverses instructions nautiques publiées jusqu'alors, fit, au nom d'une commission chargée d'examiner ce travail, un rapport dont les termes favorables ne pouvaient que m'encourager à développer mes premières observations et à compléter mes recherches [1].

---

[1] *Rapport fait à l'Académie des sciences, par M. de Freycinet.* — « MM. Beautemps-Beaupré, Savary et moi, nous avons été chargés par l'Académie de l'examen d'un ouvrage de M. Lartigue, capitaine de corvette, relatif à une *Exposition d'un nouveau système des vents en deçà du parallèle de 60°.* Nous nous sommes longuement occupés de ce travail; mais, pour le continuer avec tous les soins que son importance exige, il nous resterait encore beaucoup de faits à examiner et à coordonner.

« L'auteur nous a paru avoir réuni et discuté tout ce que, dans les limites annoncées, les navigateurs les plus habiles ont publié de leurs observations et de leurs journaux. La discussion d'une telle masse de faits est immense, surtout lorsqu'on veut en conclure la *théorie nouvelle* dont les principes eux-mêmes ont besoin d'être vérifiés et confrontés à l'expérience.

« Nous nous occupions de la suite de ce travail, lorsque cet officier nous a

Depuis 1840, les officiers généraux de la marine qui ont fait de longues navigations, principalement l'amiral Hamelin, ont recommandé mon ouvrage comme leur ayant donné des indications assez précises sur les vents dominants dans les mers qu'ils avaient parcourues.

Il a été publié, à partir de la même époque, plusieurs ouvrages et un grand nombre d'observations sur les vents qui règnent dans les diverses parties du globe ; toutes ces observations se rattachent plus ou moins à mon système, que je complète dans la nouvelle édition, en l'étendant aux mers polaires.

J'ai avancé, dans la première édition, que les *vents polaires* et les *vents alizés*, là où ils sont bien établis, entraînent l'atmosphère jusqu'à une très-grande élévation, et que ce sont des contre-courants nommés *vents tropicaux* qui, se dirigeant à la surface même de la terre, de la zone torride vers les pôles, remplacent l'air qui, des pôles, s'écoule vers l'équateur. J'avais aussi fait pressentir que les vents d'un hémisphère pourraient bien être une des causes qui déterminent ces contre-courants dans l'autre hémisphère. Je n'avais pas alors assez de documents pour expliquer de quelle manière cette influence pouvait s'exercer ; mais dans plusieurs voyages faits aux Pyrénées,

---

fait connaître que l'exigence de son service l'obligeait de reprendre prochainement la mer, et qu'il serait satisfait d'apprendre, dès ce moment, l'opinion que l'Académie s'était faite de son ouvrage.

« Désirant concilier les vœux de M. Lartigue avec la tâche laborieuse que nous avons entreprise, nous sommes heureux de pouvoir annoncer, dès ce moment, que l'ouvrage de cet officier est d'une haute portée ; que ce que nous en avons déjà vu est la base de tout système, et que ce travail est devenu, pour nous, le gage de la sagacité et de l'instruction de l'auteur. Nous proposons, en conséquence, à l'Académie, de remercier M. Lartigue de la communication qu'il a faite, et de l'engager à compléter sa théorie, en l'étendant, autant que possible, aux mers polaires ; cet ouvrage pourra devenir ainsi, plus tard, l'objet d'un rapport plus important et plus complet. »

(Août 1840.)

après la publication de ma première édition, j'ai souvent
aperçu, soit du sommet de ces montagnes, soit des plaines qui
les avoisinent, des nuages indiquant plusieurs courants d'air
superposés et tout à fait indépendants les uns des autres ; j'ai
vu ces mêmes nuages se rapprocher ou s'éloigner de la surface
de la terre et s'y remplacer alternativement, suivant le plus ou
le moins d'intensité de ces courants d'air [1].

Ces observations, combinées avec celles de même espèce
que j'ai faites dans d'autres parties du globe, me permettent
d'expliquer aujourd'hui quelle est l'influence que les vents
d'un hémisphère exercent sur ceux de l'hémisphère opposé, et
conséquemment sur les vents tropicaux ; elles me mettent aussi
à même de donner des indications sur le mouvement de l'air
dans les couches supérieures de l'atmosphère pour les lieux où
les vents sont soumis à des variations régulières.

D'après mes nombreuses observations sur les vents de la
surface du globe, je crois pouvoir affirmer que le mouvement
de l'air qui s'y fait sentir est tel que je le décris ; mais je ne
saurais donner la même assurance en ce qui concerne le mouvement de l'air dans les couches supérieures de l'atmosphère,
les observations sur les courants de ces régions n'ayant pas
encore été faites en assez grand nombre pour en déduire des
règles bien certaines.

Je m'étais borné, dans la première édition, à mentionner
seulement quelques-unes des circonstances atmosphériques
dans lesquelles les ouragans peuvent se produire. Je donne,
dans la seconde, des détails beaucoup plus étendus sur cette
importante question.

La deuxième partie contenait diverses objections sur les explications données par un grand nombre d'auteurs au sujet des

---

[1] Voir note *A*. page 67.

causes qui produisent les *vents alizés*, les *moussons*, etc., etc.
J'ai supprimé cette partie, parce que l'exposition des faits
suffit pour démontrer, sinon l'inexactitude, du moins l'insuffisance de ces explications, et j'ai remplacé cette partie par une
autre, dans laquelle je traite des *vents sur les terres et sur les
côtes, des brises de jour et des brises de nuit, de la relation qui
existe entre ces brises et les marées atmosphériques indiquées par
le baromètre*. J'y ajoute quelques *indications sur les courants
d'air des couches supérieures entre Paris et les côtes de l'Océan*,
enfin quelques *observations sur la difficulté de pouvoir apprécier
la direction de ces mêmes courants d'air*.

Ces diverses questions ne me paraissent pas avoir été trai-
tées jusqu'à ce jour au point de vue sous lequel je les consi-
dère. Bien qu'elles n'aient pas encore été suffisamment appro-
fondies, je crois néanmoins que la solution que j'en donne
pourra être de quelque utilité aux personnes qui s'occupent d'observations météorologiques sur les terres et sur
les côtes.

Au surplus qu'il me soit permis de le dire : les observations
faites jusqu'à ce jour ont généralement produit peu de résultats, parce que les observateurs n'ont pas fait de distinction
entre les courants d'air principaux et ceux qui en dérivent,
courants qui, pour la plus grande partie, sont cependant les
seuls que l'on ressente près du sol. Or, pour parvenir à tirer
des conséquences exactes d'observations météorologiques, il
faut qu'elles portent à la fois sur les vents de la surface et sur
ceux des couches supérieures, et c'est pour donner une direction plus assurée aux études ultérieures que je publie cette
deuxième partie.

La première édition contenait deux cartes sur lesquelles
j'ai indiqué par des flèches, les vents dominants, suivant les
saisons, dans les diverses parties du globe. Les cartes de la

nouvelle édition sont plus complètes que celles déjà publiées; elles contiennent, en outre, une modification importante, qui consiste à indiquer sur les cartes mêmes les diverses variations auxquelles les vents sont soumis et l'ordre dans lequel ils se remplacent successivement à la surface. De cette manière, elles peuvent servir aux navigateurs sans qu'ils aient besoin de recourir au texte de l'ouvrage. Il leur sera cependant nécessaire de le consulter pour pouvoir apprécier les circonstances dans lesquelles les vents doivent varier, ce qui est très-important pour la facilité et la sureté de la navigation.

J'ai donné des détails très-étendus sur les diverses variations des vents dans les couches inférieures et supérieures de l'atmosphère, parce qu'ils seront utiles aux marins pour lesquels je publie particulièrement cet ouvrage. A d'autres qu'à des navigateurs, ces détails pourront paraître beaucoup trop minutieux, et peut-être même difficiles à comprendre; par ce motif, je mets à la suite de cet avant-propos l'analyse de la première partie de l'ouvrage. Cette analyse, qui a été publiée dans le compte rendu des séances de l'Académie des sciences, pourra, à l'aide des cartes, donner une idée assez exacte du mouvement général de l'atmosphère.

Mon travail n'est pas une compilation des ouvrages publiés jusqu'à ce jour; il n'a même avec eux aucune ressemblance. Néanmoins, ce que je dis du mouvement de l'air à la surface de la terre concorde avec les observations publiées par D'Après de Mannevillette, par Horsburgh et par la plupart des auteurs qui ont traité des vents dans les diverses parties du globe. Mais les faits, tels que je les expose, démontrent l'insuffisance des explications données par ces auteurs.

Les rumbs de vent sont corrigés de la déclinaison de l'aiguille aimantée. Cependant les directions indiquées ne sont qu'approximatives, même pour les vents de la zone torride, et à plus forte raison pour ceux qui soufflent dans les zones tempérées et dans les zones glaciales.

Dans cette édition, comme dans la précédente, je mets en regard les observations faites dans chaque hémisphère, afin de faciliter les explications et de donner les moyens de mieux saisir l'ensemble des faits.

ANALYSE DE LA Iʳᵉ PARTIE DE L'EXPOSITION DU SYSTÈME DES VENTS.

Le vent est une partie de notre atmosphère mise en mouvement par quelque altération dans son équilibre.

Cette altération est ordinairement produite par des différences de température.

L'air étant plus chaud et. par conséquent, plus raréfié près de l'équateur que près des pôles, il s'établit dans chaque hémisphère des courants d'air qui se dirigent des pôles vers l'équateur. Ces courants d'air, que l'on nomme *vents polaires*, soufflent ordinairement, dans les zones tempérées, entre le N. et le N. O. dans l'hémisphère boréal, et entre le S. et le S. O. dans l'hémisphère austral ; leur direction se rapproche de celle de l'E. à mesure qu'ils avancent vers la zone torride où ils forment *les vents alizés*. Les nuages indiquent quelquefois que les vents varient plus vite dans les couches inférieures que dans les couches supérieures, et qu'ils conservent leur direction primitive dans les régions élevées.

Quelquefois les vents polaires prennent, près des pôles, leur direction entre le N. et le N. E. ou entre le S. et le S. E., suivant l'hémisphère, et ils la conservent jusqu'à la zone torride et jusque dans les régions les plus élevées de l'atmosphère.

Les vents polaires n'occupent qu'une partie des zones tempérées et des zones glaciales ; mais ils soufflent en même temps sur plusieurs points plus ou moins éloignés les uns des autres. Dans les intervalles qui les séparent, il s'établit d'autres vents que l'on nomme *vents tropicaux*. Ceux-ci se dirigent de la zone torride vers les pôles, et soufflent entre le S. S. E. et l'O. dans l'hémisphère boréal, et entre le N. N. E. et l'O. dans l'hémisphère austral. Ces vents forment avec les vents polaires et les vents alizés des courants d'air circulaires d'un développement plus ou moins considérable et d'une forme plus ou moins régulière.

Les vents alizés forment deux courants d'air distincts qui

sont souvent en contact dans les mers libres et sur les côtes orientales des continents à une distance de l'équateur qui dépend de leur intensité relative. Ils sont ordinairement éloignés les uns des autres à l'O. des continents, dans les mers resserrées ou parsemées d'îles nombreuses; il existe, dans l'intervalle qui les sépare, des calmes ou bien des vents qui soufflent entre le S. S. E. et l'O. dans l'hémisphère boréal, et entre le N. N. E. et l'O. dans l'hémisphère austral; on les nomme *vents variables de la zone torride*; mais, dans les mers de l'Inde, on leur donne le nom de *mousson du S. O.* ou *mousson du N. O.*

Lorsque les vents polaires et les vents alizés sont bien établis à la surface, ils peuvent parvenir dans les régions les plus élevées de l'atmosphère; mais, quand ils sont altérés, les vents de l'hémisphère austral passent au-dessus des vents alizés et des vents polaires de l'hémisphère boréal, et ceux de ce dernier hémisphère passent au-dessus des vents alizés et des vents polaires de l'hémisphère austral.

Partout où les vents alizés ou les vents polaires cessent de souffler à la surface de la terre, ils y sont remplacés par les vents supérieurs. Lorsque les vents alizés des deux hémisphères sont en contact ou très-rapprochés les uns des autres, les vents supérieurs descendent à la surface, en dehors des limites extérieures des vents alizés; mais dès que les zones de ces vents s'éloignent l'une de l'autre, l'intervalle est comblé par les vents supérieurs; et, dans les deux cas, l'ordre dans lequel ces derniers parviennent à la surface est le même que celui dans lequel ils sont placés dans les couches supérieures; ainsi, dans l'hémisphère boréal, les vents de S. S. E. arrivent les premiers; ensuite ce sont ceux du S. et successivement ceux du S. S. O. et du S. O. Dans l'hémisphère austral, les vents de N. N. E. y parviennent d'abord; ce sont ensuite ceux du N., de N. N. O. et du N. O.

Les vents supérieurs se réunissent tantôt aux vents tropicaux, tantôt aux vents variables de la zone torride et quelquefois aux uns et aux autres en même temps. Ils en augmentent l'intensité qui, cependant, ne devient considérable que si les vents polaires ou les vents alizés de l'hémisphère dans lequel ils soufflent leur opposent un obstacle, et ils ne varient à l'O.

du S. O. ou du N. O. que par l'effet de ces mêmes vents.

Les vents polaires eux-mêmes ne viennent à l'O. du N. O. ou du S. O., suivant l'hémisphère, que par l'effet des vents tropicaux.

Les vents tropicaux forment souvent une zone ou une partie de zone comprise entre les parallèles de 35° et de 60° environ. Plusieurs courants d'air polaires venant du N. au N. O. ou du S. au S. O., suivant l'hémisphère, s'établissent entre cette zone et celle des vents alizés ; ces courants d'air ont pris naissance près des pôles ; mais ayant moins d'intensité que les vents tropicaux, ils passent au-dessus de ces derniers, et ils reprennent leur cours à la surface de la terre, près de la limite équatoriale des vents tropicaux.

Lorsque les vents polaires soufflant entre le N. et le N. E. ou entre le S. et le S. E., suivant l'hémisphère, ont pris naissance près des pôles, ils se maintiennent à la surface de la mer. S'ils sont plus forts que les vents tropicaux, ils continuent leur cours vers la zone torride, et forcent ces derniers à remonter vers les régions élevées ; mais, s'ils sont plus faibles, ils se détournent de leur direction primitive et ils prennent, dans l'hémisphère boréal, celle de l'E. et du S. E., du S. et du S. O. ; dans l'hémisphère austral, ils prennent la direction de l'E., du N. E., du N. et enfin celle du N. O., de manière à former entre les pôles et les limites polaires des vents tropicaux des courants d'air circulaires, comme ceux qui sont formés, dans les zones tempérées, par les vents polaires, les vents alizés et les vents tropicaux.

A la suite des calmes, le vent s'élève ordinairement dans les zones tempérées du S. S. E. dans l'hémisphère boréal ; il varie ensuite au S. et au S. O. et même à l'O. S. O., d'où il passe brusquement au N. O. ; dans l'hémisphère austral, il tourne en sens inverse ; il commence d'abord au N. N. E., il varie ensuite au N., au N. O. et à l'O. N. O., d'où il saute au S. O.

Les vents polaires acquièrent, aussitôt qu'ils commencent à souffler, une grande force qu'ils conservent pendant une période dont la moyenne est d'environ trois jours près des tropiques. Après cette période, les vents polaires s'étendent vers l'O., souvent même ils se transportent dans cette même direction ; mais leur déplacement ne s'opère avec quelque régularité qu'à une grande distance des côtes et entre les parallèles de 35°, et les limites extérieures des vents alizés. Les vents tropicaux se déplacent en même temps, de manière que les lieux occupés d'abord par les vents polaires le sont ensuite par les vents tropicaux, et réciproquement.

Les vents polaires durent plus longtemps que les vents tropicaux sur les côtes orientales des continents pendant une saison, tandis que c'est le contraire sur les côtes occidentales. Pendant la saison opposée, les rôles changent, et les vents tropicaux sont plus fréquents que les vents polaires sur les côtes orientales, tandis que le contraire a lieu sur les côtes occidentales.

Les vents alizés se rapprochent ou s'éloignent de l'équateur selon l'intensité des vents polaires dont ils sont la continuation, et suivant l'intensité des vents de l'hémisphère opposé. Aussi leurs limites se déplacent-elles considérablement, même à quelques jours de distance.

Les vents variables de la zone torride occupent souvent une étendue considérable qui augmente ou diminue selon l'intensité des vents alizés des deux hémisphères : leur limite occidentale se rapproche des continents ou de leur limite orientale, en même temps que leurs limites dans le sens du méridien se rapprochent l'une de l'autre.

Le soleil est considéré comme la cause principale des différentes raréfactions de l'air qui produisent les vents polaires ; mais à cause de la configuration des terres, et comme d'ailleurs cet astre échauffe et raréfie plus ou moins l'atmosphère dans un hémisphère que dans l'autre, suivant les saisons, ces vents acquièrent en même temps, dans les deux hémisphères, des intensités différentes qui produisent les vents tropicaux, et qui, probablement, empêchent les vents de la surface de se diriger constamment des pôles vers l'équateur dans toutes les parties des zones tempérées et des zones glaciales.

EXPOSITION

DU

SYSTÈME DES VENTS.

Iʳᵉ PARTIE.

Du vent et des causes qui le produisent.

Le *vent* est un courant d'air, ou bien une partie de l'atmosphère mise en mouvement par quelque altération dans son équilibre.

Les températures inégales, auxquelles sont constamment soumises les diverses parties de l'atmosphère, ont une action différente sur chacune de ces parties. Quand l'air est échauffé, il se dilate et, sa pesanteur diminuant, il tend à s'élever vers les hautes régions. L'air froid, dont la pesanteur est plus grande, tend au contraire à se rapprocher de la surface de la terre près de laquelle il se met en mouvement pour se porter vers les points où la raréfaction est plus considérable : il produit ainsi des courants que l'on nomme *vents* [1].

Le soleil est considéré comme la cause première de ces différentes raréfactions. Cet astre, exerçant par sa chaleur une grande influence entre les tropiques, y raréfie les colonnes

---

[1] On ne fait ordinairement aucune distinction sur la signification des mots *vent* et *brise*. Il convient cependant d'en établir une pour parvenir à expliquer exactement la cause qui produit les vents. La dénomination de *brise* doit être exclusivement réservée pour désigner les vents légers réfléchis par les terres et les courants d'air qui sont soumis à des variations diurnes considérables. La dénomination de *vent* n'est applicable qu'aux courants d'air qui ne sont que peu ou point soumis à des variations dépendantes de l'action diurne du soleil.

d'air qui s'élèvent vers les hautes régions; l'air frais des climats situés vers les pôles se rapproche au contraire · de la terre, et se porte en même temps vers les points de la zone torride où l'air est le plus raréfié.

Vents polaires et vents alizés.

Il s'établit ainsi à la surface de la terre dans chaque hémisphère des courants d'air qui, des pôles, se dirigent vers l'équateur; ces courants d'air que l'on nomme *vents polaires, vents naturels* ou *vents primitifs* soufflent, savoir :

(Hémisphère boréal) :

du N. au N. O. dans la zone tempérée ; leur direction se rapproche de l'E. à mesure qu'ils avancent vers la zone torride où ils soufflent entre le N. E. et l'E. et forment les *vents alizés du N.*

La dénomination de *vents polaires* est réservée à ces vents aussi longtemps qu'ils conservent leur direction entre le N. O. et le N. E. ; ils prennent celle de *vents alizés* lorsqu'ils soufflent entre le N. E. et l'E.

Lorsque les vents polaires ont une grande intensité, ils varient très-lentement en avançant vers la zone torride, et ils ne prennent la direction du N. E. que sur le parallèle de 20° à 18° : quelquefois même ils ne l'atteignent que sur celui de 16° ; mais s'ils sont modérés ils varient beaucoup plus vite, et ils ont déjà cette direction sur le parallèle de 30° à 28°.

Quelquefois dans les mers libres et souvent près des continents, les *vents polaires* commencent à souffler entre le N. et le N. E. par des latitudes très-élevées, et ils par-

(Hémisphère austral) :

du S. au S. O. dans la zone tempérée ; leur direction se rapproche de l'E. à mesure qu'ils avancent vers la zone torride où ils soufflent entre le S. E. et l'E. et forment les *vents alizés du S.*

La dénomination de *vents polaires* est réservée à ces vents aussi longtemps qu'ils conservent leur direction entre le S. O. et le S. E. ; ils prennent celle de *vents alizés* lorsqu'ils soufflent entre le S. E. et l'E.

Lorsque les vents polaires ont une grande intensité, ils varient très-lentement en avançant vers la zone torride, et ils ne prennent la direction du S. E. que sur le parallèle de 20° à 18° ; quelquefois même ils ne l'atteignent que sur celui de 16° ; mais s'ils sont modérés ils varient beaucoup plus vite, et ils ont déjà cette direction sur le parallèle de 30° à 28°.

Près des continents, les *vents polaires* commencent souvent à souffler entre le S. et le S. E. par des latitudes très-élevées, et ils parviennent dans la zone torride sans viennent dans la zone torride sans changer sensiblement de direction.

changer sensiblement de direction ; mais dans les mers libres ces vents du S. au S. E. se font rarement ressentir au S. du parallèle de 35°.

Les *vents polaires* et les *vents alizés* paraissent être les seuls vents naturels ; car, là où ils sont bien établis, le temps est beau, l'air pur et le ciel sans nuages. Leur intensité, qui dépend de la position du soleil, ne semble même pas dépasser certaines limites. Si cette intensité devient plus grande que la saison ne le comporte, le ciel se couvre et quelquefois la pluie tombe. Les parages où ces vents rencontrent des obstacles qui s'opposent à leur cours naturel, et où ils cessent momentanément, sont exposés à des orages, même à des ouragans, et il pleut d'autant plus abondamment que les lieux où se produisent ces phénomènes sont plus rapprochés de l'équateur.

Vents tropicaux.

Les *vents polaires* n'occupent qu'une partie des zones tempérées et des zones glaciales : ils y soufflent simultanément sur plusieurs points plus ou moins éloignés les uns des autres. Dans les intervalles qui les séparent, il s'établit des courants d'air qui, des tropiques, se dirigent vers les pôles. Ces courants d'air, qu'on nomme *vents tropicaux* ou *vents secondaires*, suivent des directions opposées à celles des *vents polaires* et des *vents alizés* avec lesquels ils forment des courants circulaires d'un développement plus ou moins considérable et d'une forme plus ou moins régulière.

Les *vents tropicaux* sont ordinairement les contre-courants des *vents alizés* de l'hémisphère dans lequel ils sont établis.

Dans l'hémisphère boréal, ces derniers varient d'abord de l'E. à l'E. S. E. à leur limite Nord ; ils passent ensuite au S. E. et successivement au S., au S. O. et à l'O., en avançant vers le pôle. Ils deviennent *vents tropicaux*, lorsqu'ils soufflent entre le S. E. et le S., et entre le S. et l'O.

Dans l'hémisphère austral, ces derniers varient d'abord de l'E. à l'E. N. E. à leur limite Sud ; ils passent ensuite au N. E. et successivement au N. et au N. O., et à l'O. en avançant vers le pôle. Ils deviennent *vents tropicaux*, lorsqu'ils soufflent entre le N. E. et le N., et entre le N. et l'O.

Vents variables de la zone torride.

Les *vents alizés* règnent dans la plus grande partie de la zone torride, et forment deux courants d'air distincts qui se tiennent ordinairement plus ou moins éloignés l'un de l'autre.

Dans les mers libres et sur les côtes orientales des continents, ces courants d'air sont souvent en contact ; mais sur les côtes occidentales, dans les mers resserrées ou parsemées d'îles nombreuses, ils s'éloignent les uns des autres. Dans ces conditions, comme dans tout autre cas qui les sépare, il s'établit entre eux des calmes ou d'autres vents que l'on nomme *vents variables de la zone torride*.

Dans les mers libres, les.vents alizés des deux hémisphères parviennent près de l'équateur, lorsqu'ils ont une intensité égale ; mais si les vents alizés du Sud sont plus forts que les vents alizés du Nord, les premiers s'étendent jusqu'au parallèle de 3° à 6° Nord. Il est rare au contraire que les vents alizés du Nord dépassent l'équateur au large des continents, parce qu'ils sont ordinairement moins intenses que les vents alizés du Sud, du moins à la surface du globe.

Sur les côtes orientales des continents, les vents alizés du S. parviennent, sans changer de direction, dans l'hémisphère boréal, jusque sur des parallèles assez élevés ; ainsi depuis le mois de juillet jusqu'au milieu du mois d'octobre, ils soufflent sur les côtes de la Guyane, et parfois ils atteignent le parallèle des Antilles.

Sur les côtes orientales des continents, les vents alizés du N. parviennent, dans l'hémisphère austral, jusque sur des parallèles assez élevés : ainsi depuis le mois de novembre jusqu'au mois d'avril, ils soufflent fréquemment sur les côtes orientales d'Afrique et dans une partie du canal de Mozambique ; ils parviennent aussi jusqu'au cap Saint-Augustin sur la côte du Brésil, mais ils le dépassent rarement.

Les vents de l'E. au S. E. qui règnent fréquemment sur la limite équatoriale des vents alizés du N. ne sont pas toujours la continuation des vents alizés de l'hémisphère austral ; ils sont souvent produits par l'influence de ces derniers qui forcent les vents alizés du N. de se

Les vents de l'E. au N. E. qui règnent au Sud de ce cap sur la limite équatoriale des vents alizés du S. ne sont pas toujours la continuation des vents alizés de l'hémisphère boréal, ils sont souvent produits par l'influence de ces derniers qui forcent les vents alizés du S.

détourner de leur direction naturelle et à souffler entre l'E. et le S. E.

de se détourner de leur direction naturelle et à souffler entre l'E. et le N. E.

Les vents alizés qui, sur les côtes occidentales des continents, dans les mers resserrées ou parsemées d'îles, sont éloignés les uns des autres, se rapprochent en avançant vers l'O., et ils se mettent en contact à une distance plus ou moins grande de ces points. C'est principalement dans l'intervalle qui les sépare que les vents variables de la zone torride s'établissent.

Les vents alizés du S. varient ordinairement d'une manière sensible, dans les parties de mer que je viens d'indiquer, dès qu'ils approchent de l'équateur; quelquefois avant d'y arriver ils viennent au S. S. E. et même au S. S. O.; mais, dans d'autres cas, ils ne prennent la première de ces directions que sur le parallèle de 3° à 5° N.

Les vents alizés du N. varient toujours d'une manière sensible, dans les parties de mer que je viens d'indiquer, dès qu'ils approchent de l'équateur, et là ils prennent ordinairement la direction du N. N. E. au N.

Lorsque la limite Sud des vents alizés du N. est éloignée de l'équateur, les vents de l'hémisphère austral varient du S. S. E. au S. S. O., au S. O. et même à l'O. S. O., à mesure qu'ils se rapprochent de la zone tempérée.

Lorsque la limite Nord des vents alizés du S. est éloignée de l'équateur, les vents de l'hémisphère boréal varient du N. N. E. au N. N O., au N. O. et même à l'O. N. O., à mesure qu'ils se rapprochent de la zone tempérée.

Ces vents du S. S. E. à l'O. S. O. sont ceux que l'on désigne sous le nom *de vents variables de la zone torride;* mais dans le golfe d'Arabie, dans celui du Bengale et dans la mer de Chine on les nomme *mousson du S. O.*

Ces vents du N. N. E. à l'O. N. O. sont ceux que l'on désigne sous le nom *de vents variables de la zone torride;* mais dans les mers de l'Inde situées au S. de l'équateur on les nomme *mousson du N. O.*

Partout où soufflent les vents variables de la zone torride, l'atmosphère est souvent chargée d'électricité, le temps y est fréquemment orageux et à grains [1], et ordinairement très-pluvieux.

---

[1] Les marins désignent par le nom de *grain* tout changement brusque, soit

Les vents de l'hémisphère austral faiblissent d'abord lorsqu'ils varient au S.; mais ils reprennent ensuite de l'intensité en avançant vers le N., jusqu'à une certaine limite. Dans quelques parties de mer ils faiblissent au contraire de plus en plus.

Les vents de l'hémisphère boréal faiblissent d'abord lorsqu'ils varient au N.; mais ils reprennent ensuite de l'intensité en avançant vers le S., jusqu'à une certaine limite. Dans quelques parties de mer ils faiblissent au contraire de plus en plus.

Des vents qui soufflent au-dessus des vents alizés.

Les vents polaires, en avançant vers la zone torride pour former les vents alizés dans chaque hémisphère, varient d'autant plus lentement à l'E. dans les couches supérieures de l'atmosphère, qu'ils sont plus éloignés de la surface terrestre, et, à une certaine élévation, ils doivent conserver leur direction primitive.

Dans l'hémisphère boréal, cette direction est entre le N. et le N. O. ou entre le N. et le N. E.: ainsi dans l'espace occupé par la partie des vents alizés à laquelle se réunissent des vents polaires intenses du N. au N. O., les vents soufflent du N. E. à la surface, du N. N. E. à une certaine élévation, ensuite du N. et enfin du N. N. O. au N. O. dans les régions plus élevées. Ces changements de directions sont indiqués par les nuages, mais seulement lorsque les vents du N. au N. O. sont peu éloignés du sol.

Lorsque les vents polaires du N. au N. E. se réunissent aux vents alizés, les vents supérieurs soufflent plus près du N. que les vents inférieurs, et les nuages, s'il en existe, prennent une des directions comprises entre le N. E. et le N.

Dans l'hémisphère austral, cette direction est entre le S. et le S. O. ou entre le S. et le S. E.: ainsi dans l'espace occupé par la partie des vents alizés à laquelle se réunissent des vents polaires intenses du S. au S. O., les vents soufflent du S. E à la surface, du S. S. E. à une certaine élévation, ensuite du S. et enfin du S. S. O. au S. O. dans les régions plus élevées. Ces changements de directions sont indiqués par les nuages, mais seulement lorsque les vents du S. au S. O. sont peu éloignés du sol.

Lorsque les vents polaires du S. au S. E. se réunissent aux vents alizés, les vents supérieurs soufflent plus près du S. que les vents inférieurs, et les nuages, s'il en existe, prennent une des directions comprises entre le S. E. et le S.

---

dans la force, soit dans la direction du vent, lorsque ce changement est annoncé par des nuages qui se forment à l'horizon, ou bien lorsque, le temps étant déjà couvert, les nuages deviennent plus intenses.

Mais, dans l'espace occupé par la partie des vents alizés à laquelle des vents polaires intenses ne se réunissent pas, les vents de l'hémisphère austral soufflent au-dessus des vents alizés du N. E. à l'Est. Ce sont d'abord les vents de l'E. au S. E. [1], plus haut, ceux du S. E. au S., enfin ceux du S. au S. O., dans les régions les plus élevées [3]. Cependant dans les lieux voisins de ceux où règnent les vents variables de la zone torride, les vents du S. au S. O. soufflent souvent immédiatement au-dessus des vents du N. E. à l'E.

Les nuages n'annoncent ordinairement la présence des vents de l'E. au S. E. dans les couches supérieures, que lorsqu'ils soufflent près du sol ; mais ils indiquent souvent la présence des vents du S. au S. O. et quelquefois même du S. S. E., alors que ces vents se maintiennent dans des régions très-élevées.

Mais, dans l'espace occupé par la partie des vents alizés à laquelle des vents polaires intenses ne se réunissent pas, les vents de l'hémisphère boréal soufflent au-dessus des vents alizés du S. E. à l'Est. Ce sont d'abord les vents de l'E. au N. E. [2], plus haut, ceux du N. E. au N., enfin ceux du N. au N. O., dans les régions les plus élevées. Cependant, dans les lieux voisins de ceux où règnent les vents variables de la zone torride, les vents du N. au N. O. soufflent souvent immédiatement au-dessus des vents du S. E. à l'E.

Les nuages n'annoncent ordinairement la présence des vents de l'E. au N. E., dans les couches supérieures, que lorsqu'ils soufflent près du sol ; mais ils indiquent souvent la présence des vents du N. au N. O. et quelquefois même du N. N. E., alors que ces vents se maintiennent dans des régions très-élevées.

---

[1] Voyage de la *Bonite*. Physique, tome Ier, page 31.

[2] Voyage de la *Vénus*. Physique, tome V, pages 85 et 88.

[3] M. Lawson a publié dans le *Journal philosophique d'Edimbourg* (juillet 1845) le résultat de ses observations sur les vents de surface et les courants nuageux à la Barbade, latitude 13° 10′ N., en 1841. Il en résulte que, de mai à septembre inclusivement, les observations sur les vents de surface, faites à des périodes régulières, ont donné les résultats numériques suivants : N. O., 3 ; N., 2 ; N. N. E., 4 ; N. E., 13 ; E. N. E., 106 ; E., 122 ; E. S. E., 66 ; S. E., 41 ; S. S. E., 13 ; S., 1 ; S. O., 2. Les vents d'E. N. E. sont les plus fréquents du N. à l'E., et ceux de S. E. et de S. S. E. prédominent grandement sur ceux de N. E. et de N. N. E.

Ses observations sur les courants nuageux sont encore plus importantes et plus intéressantes ; des tables complètes de ces observations sont données pour les mois de septembre et octobre qui peuvent à peu près être pris comme mois moyens entre l'été et l'hiver. Deux courants ou plus paraissent communément exister au-dessus du vent de surface : un courant inférieur du S. E. et l'autre plus élevé du S. O. Ils doivent être (comme tous les courants nuageux dans les régions montagneuses) considérés comme appartenant entièrement à l'atmo-

Manière dont se forment les vents tropicaux et les vents variables de la zone torride.

Lorsque les vents alizés des deux hémisphères se trouvent en contact aux environs de l'équateur ou très-rapprochés les uns des autres,

les vents de l'hémisphère austral continuent leur cours au-dessus des vents alizés du N. E , et si les vents supérieurs ont quelque intensité, ils se rapprochent du sol, dans les lieux où les vents alizés sont faibles ; ils parviennent même à la surface de la terre près de la les vents de l'hémisphère boréal continuent leur cours au-dessus des vents alizés du S. E., et si les vents supérieurs ont quelque intensité, ils se rapprochent du sol, dans les lieux où les vents alizés sont faibles ; ils parviennent même à la surface de la terre près de la limite Sud

sphère inférieure. Les résultats numériques des observations ont été les suivants :

Résumé des observations sur les vents de surface et les courants nuageux à la Barbade, en septembre et octobre 1841. Observations faites à 5ʰ matin, 10ʰ matin, 3ʰ soir, et 9ʰ soir.

DE QUELLE direction.	VENTS.	COU- RANTS nua- geux.	TOTAUX	DE QUELLE direction.	VENTS.	COU- RANTS nua- geux.	TOTAUX
O. N. O.	»	1	1	E. S. E.	21	8	29
N. O.	»	5	5	S. E.	29	26	55
N. N. O.	1	16	17	S. S. E.	4	51	35
N.	1	18	19	S.	3	11	14
N. N. E.	5	4	9	S. S. O.	1	6	7
N. E.	12	9	21	S. O.	»	89	89
E. N. E.	90	16	106	O. S. O.	1	6	7
Observat⁵ N. et N. E.	109	69	178	Observat' S. et S. E.	59	177	236
Observations de l'E...	30	15	45				

Les observations de ces phénomènes et de beaucoup d'autres de la même espèce méritent de fixer l'attention sérieuse de ceux des naturalistes qui basent la formation de vents généraux et alizés sur la théorie du calorique; et elles semblent expliquer d'une manière complétement satisfaisante les cours N. O. des tempêtes dans les Indes occidentales.

(REDFIELD.)

limite Nord de ces derniers, partout où les vents polaires ne soufflent pas.

L'ordre dans lequel les vents de l'hémisphère austral atteignent la surface est le même que celui où ils sont placés dans les couches supérieures : ainsi les vents du S. E. au S. S. E. y arrivent les premiers, ensuite ceux du S. au S. S. O. ; enfin ceux du S. S. O. au S. O. Dans le plus grand nombre de cas, ces vents se succèdent au même lieu, d'abord du côté des pôles, et ensuite plus près de la zone torride. Quelquefois ils parviennent simultanément à la surface, mais à des distances plus ou moins éloignées de la limite Nord des vents alizés; de manière que les vents du S. E. au S. S. E. soufflent près de cette limite, les vents du S. plus près du pôle, ceux du S. S. O. sur le parallèle de 35° environ, enfin ceux du S. O. dans les latitudes plus élevées.

Les vents tropicaux peuvent s'établir comme contre-courants des vents alizés sans le concours des vents de l'hémisphère austral ; ils sont alors faibles, mais leur intensité augmente si les vents de ce dernier hémisphère se confondent avec eux. Dans ce cas, ils n'acquièrent même une grande force, que si des terres ou les vents polaires leur opposent un obstacle qui les empêche de suivre leur cours.

Lorsque les vents alizés de l'hémisphère austral sont une continuation des vents polaires du S. au S. E., ces derniers conservent leur direction normale au-dessus des vents alizés des deux hémisphères, de même que sur les points de la

de ces derniers, partout où les vents polaires ne soufflent pas.

L'ordre dans lequel les vents de l'hémisphère boréal atteignent la surface est le même que celui où ils sont placés dans les couches supérieures : ainsi les vents du N. E. au N. N. E. y arrivent les premiers, ensuite ceux du N. au N. N. O.; enfin ceux du N. N. O. au N. O. Dans le plus grand nombre de cas, ces vents se succèdent au même lieu, d'abord du côté des pôles, et ensuite plus près de la zone torride. Quelquefois ils parviennent simultanément à la surface, mais à des distances plus ou moins éloignées de la limite Sud des vents alizés; de manière que les vents du N. E. au N. N. E. soufflent près de cette limite, les vents du N. plus près des pôles, ceux du N. N. O. aux environs du parallèle de 35°, enfin ceux du N. O. dans les latitudes plus élevées.

Les vents tropicaux peuvent s'établir comme contre-courants des vents alizés sans le concours des vents de l'hémisphère boréal; ils sont alors faibles, mais leur intensité augmente si les vents de ce dernier hémisphère se confondent avec eux. Dans ce cas, ils n'acquièrent même une grande intensité, que si des terres ou les vents polaires leur opposent un obstacle qui les empêche de suivre leur cours.

Lorsque les vents alizés de l'hémisphère boréal sont une continuation des vents polaires du N. au N. E., ces derniers conservent leur direction normale au-dessus des vents alizés des deux hémisphères, de même que sur les points surface où ils parviennent; ils perdent une partie de leur intensité en avançant vers le N.; cependant s'ils rencontrent des vents polaires du N. au N. O. ou du N. au N. E. ayant quelque force, ils peuvent occasionner des tempêtes et même des ouragans.

En général les vents tropicaux réunis ou non aux vents de l'hémisphère austral sont faibles près de la limite Nord des vents alizés; mais ils augmentent de force à mesure qu'ils se rapprochent du pôle.

Aussitôt que la limite Sud des vents alizés du N. E. s'éloigne de l'équateur, les vents alizés de S. E. les remplacent dans les mers libres et sur les côtes orientales des continents; mais sur les côtes occidentales, ainsi que dans les mers resserrées ou parsemées d'îles, les calmes ou bien les vents variables de la zone torride du S. S. E. au S. O., prennent la place des vents alizés du N. E.

Ces vents du S. S. E. au S. O. sont souvent les mêmes qui soufflent au-dessus des vents alizés du S. E , et qui descendent à la surface de la terre, à la limite Nord de ces derniers, dans le même ordre que lorsqu'ils descendent à la limite Nord des vents alizés du N. E. : ainsi les vents de S. S. E. atteignent les premiers la surface, ensuite ceux du S., enfin ceux du S S. O. au S. O. Il est rare que ces vents se succèdent dans le même lieu; ils parviennent ordinairement à la surface, à des distances plus ou moins éloignées de la limite Nord des vents alizés du S. E., de sorte que les vents de S. S. E. soufflent près de cette limite, ceux du S.

de la surface où ils parviennent; ils perdent une partie de leur intensité en avançant vers le S. ; cependant s'ils rencontrent des vents polaires du S. au S. O. ou du S. au S. E. ayant quelque force, ils peuvent occasionner des tempêtes et même des ouragans.

En général les vents tropicaux réunis ou non aux vents de l'hémisphère boréal sont faibles près de la limite Sud des vents alizés; mais ils augmentent de force à mesure qu'ils se rapprochent du pôle.

Aussitôt que la limite Nord des vents alizés du S. E. s'éloigne de l'équateur, les vents alizés du N. E. les remplacent sur les côtes orientales des continents; mais sur les côtes occidentales, ainsi que dans les mers resserrées ou parsemées d'îles, les calmes ou bien les vents variables de la zone torride du N. N. E. au N. O., prennent la place des vents alizés du S. E.

Ces vents du N. N. E. au N. O. sont souvent les mêmes qui soufflent au-dessus des vents alizés du N. E , et qui descendent à la surface de la terre, à la limite Sud de ces derniers, dans le même ordre que lorsqu'ils descendent à la limite Sud des vents alizés du S. E. : ainsi les vents du N. N. E. atteignent les premiers la surface, ensuite ceux du N., enfin ceux du N. N. O. au N. O. Il est rare que ces vents se succèdent dans le même lieu; ils parviennent ordinairement à la surface, à des distances plus ou moins éloignées de la limite Sud des vents alizés du N. E., de sorte que les vents du N. N. E. soufflent près de cette un peu plus au N., enfin ceux du S. S. O. au S. O., dans la partie voisine des vents alizés du N. E.

Les vents variables de la zone torride peuvent s'établir comme contre-courants des vents alizés du S. E., sans le concours des vents supérieurs; mais alors ils sont très-faibles, et ils ne prennent de la force que quand les vents supérieurs se réunissent à eux. Ils peuvent dans ce cas s'étendre considérablement vers le N., et exercer de l'influence sur les tempêtes et les ouragans qui se font ressentir dans l'hémisphère boréal; quelquefois même ils sont une des causes principales qui déterminent ces phénomènes.

Dans plusieurs cas, les vents variables de la zone torride n'occupent qu'une couche peu épaisse de l'atmosphère; alors les vents alizés du N. E. soufflent au-dessus d'eux, et quelquefois ceux du S. E. au-dessus de ces derniers [1]. Lorsque ces vents supérieurs augmentent d'intensité, ils se rapprochent de la surface où souvent ils remplacent les vents du S. au S. O., en produisant sinon un ouragan, du moins un violent orage.

Lorsque les vents alizés de l'hémisphère austral sont une continuation des vents polaires du S. au S. E., ces derniers conservent leur direction normale dans les couches supérieures, et sur tous les points de la surface où ils parviennent; ils ont une certaine intensité à la limite Nord des vents alizés du

limite, ceux du N. un peu plus au S., enfin ceux du N. N. O. au N. O., dans la partie voisine des vents alizés du S. E.

Les vents variables de la zone torride peuvent s'établir comme contre-courants des vents alizés du N. E., sans le concours des vents supérieurs; mais alors ils sont très-faibles, et ils ne prennent de la force, que lorsque les vents supérieurs se réunissent à eux. Ils peuvent dans ce cas s'étendre considérablement vers le S., et exercer de l'influence sur les tempêtes et les ouragans qui se font ressentir dans l'hémisphère austral; quelquefois même ils sont une des causes principales qui déterminent ces phénomènes.

Dans plusieurs cas, les vents variables de la zone torride n'occupent qu'une couche peu épaisse de l'atmosphère; alors les vents alizés du S. E. soufflent au-dessus d'eux, et quelquefois ceux du N. E. au-dessus de ces derniers. Lorsque ces vents supérieurs augmentent d'intensité, ils se rapprochent de la surface où ils remplacent souvent les vents du N. au N. O., en produisant sinon un ouragan, du moins un violent orage.

Lorsque les vents alizés de l'hémisphère boréal sont une continuation des vents polaires du N. au N. E., ces derniers conservent leur direction normale dans les couches supérieures, et sur tous les points de la surface où ils parviennent; ils ont une certaine intensité à la limite Sud des vents alizés du N. E.;

---

[1] Voyage de la *Bonite*. Physique, tome 1er, pages 205, 208, 209, 212; tome II, pages 86, 261.

S. E. ; ils se modèrent en s'éloignant de cette limite; mais, s'ils rencontrent les vents alizés du N. E. ou des vents polaires intenses, ils déterminent des ouragans qui sont parfois très-violents.

ils se modèrent en s'éloignant de cette limite; mais, s'ils rencontrent les vents alizés du S. E. ou des vents polaires intenses, ils déterminent des ouragans qui sont parfois très-violents.

Les vents du S. au S. E., lorsqu'ils ont passé sur des terres arides et sablonneuses ou rocailleuses, causent dans la zone tempérée de l'hémisphère boréal les vents secs et brûlants nommés *sirocco* en France et en Italie, *khamsin* en Egypte et *semoûm* en Barbarie [1].

Les vents du S. au S. E. et du S. au S. O. de l'hémisphère austral, qui soufflent dans les couches supérieures, descendent assez souvent à la surface de la terre, près de la limite Nord des vents alizés du N. E., en même temps que dans l'intervalle qui sépare les vents alizés des deux hémisphères. Alors les vents tropicaux et les vents variables de la zone torride sont très-modérés. En général, quand les premiers sont forts, les derniers sont faibles, et réciproquement.

Les vents de l'hémisphère austral du S. au S. O., qui soufflent à la surface, soit dans l'intervalle qui sépare les vents alizés des deux hémisphères, soit dans la zone tempérée, ainsi que ceux qui règnent dans les régions élevées, ne viennent à l'O. du S. O. que si les vents de l'hémisphère boréal les font détourner de leur direction : de même que les vents polaires du N. au N. O. ne

Les vents du N. au N. E. et du N. au N. O. de l'hémisphère boréal qui soufflent dans les couches supérieures, descendent assez souvent à la surface de la terre, près de la limite Sud des vents alizés du S. E , en même temps que dans l'intervalle qui sépare les vents alizés des deux hémisphères. Alors les vents tropicaux et les vents variables de la zone torride sont très-modérés. En général, lorsque les premiers sont forts, les derniers sont faibles, et réciproquement.

Les vents de l'hémisphère boréal du N. au N. O., qui soufflent à la surface, soit dans l'intervalle qui sépare les vents alizés des deux hémisphères, soit dans la zone tempérée, ainsi que ceux qui règnent dans les régions élevées ne viennent à l'O. du N. O. que si les vents de l'hémisphère austral les font détourner de leur direction : de même que les vents polaires du S. au

---

[1] Les vents du N. E. à l'E., nommés *harmattan*, qui soufflent sur les côtes occidentales d'Afrique sont les vents alizés, qui ont une très-grande analogie avec les vents du N. au N. O., appelés *mistral*, qui règnent en été sur les côtes de la Provence et du Languedoc. L'harmattan et le mistral sont des vents secs, mais toujours un peu frais, quoique pendant leur durée la terre soit brûlante; l'harmattan n'est pas un vent de même nature que le sirocco, etc.

varient à l'O. du N. O., que par l'effet des vents de l'hémisphère austral [1].

S. O. ne varient à l'O. du S. O. que par l'effet des vents de l'hémisphère boréal [1].

Des grains, des orages et des calmes aux environs de l'équateur.

Lorsque les vents alizés des deux hémisphères parviennent près de l'équateur, sans cependant se réunir, les vents de l'hémisphère austral du S. S. E. au S. et au S. O. descendent à la surface dans l'intervalle qui sépare les vents alizés, et si, comme cela arrive quelquefois, les vents de l'hémisphère boréal du N. N. E. au N. et au N. O. y descendent en même temps, il se produit des vents variables du S. O. au N. O. accompagnés de grains, de pluie et d'orage.

Les calmes règnent aux environs de l'équateur lorsque les vents alizés des deux hémisphères en sont éloignés, ou bien lorsque, sur leur limite équatoriale, ils se dirigent vers l'O., inclinant vers les pôles plutôt que vers l'équateur ; mais chaque fois qu'ils inclinent vers l'équateur, ils peuvent causer des grains et des orages.

Les calmes sont fréquents dans la partie de la zone torride où les vents alizés ayant cessé de souffler, les vents supérieurs ne descendent pas à la surface.

Perturbation produite dans l'état de l'atmosphère lorsque les vents supérieurs descendent à la surface de la terre pour y remplacer les vents alizés.

Lorsque les vents du S. E. au S., qui soufflent au-dessus des vents alizés du N. E., augmentent d'intensité, ils se rapprochent de la surface de la terre ; ils y remplacent même parfois les vents de N. E. Si les vents des deux hémisphères ont simultanément une certaine force, les vents alizés soufflant entre le N. E. et l'E. se rapprochent du N. ;

Lorsque les vents du N. E. au N., qui soufflent au-dessus des vents alizés du S. E., augmentent d'intensité, ils se rapprochent de la surface de la terre ; ils y remplacent même parfois les vents de S. E. Si les vents des deux hémisphères ont simultanément une certaine force, les vents alizés soufflant entre le S. E. et l'E. se rapprochent du S. ; le ciel, d'a-

---

[1] Il semblerait résulter de la combinaison de mes observations, que la direction normale des vents polaires est entre le N. et le N. $\frac{1}{4}$ N. E. ou entre le S. et le S. $\frac{1}{4}$ S. E., suivant l'hémisphère, et qu'une des causes principales qui font souffler les vents polaires à l'O. du N. ou du S. provient de l'influence que les vents d'un hémisphère exercent sur ceux de l'hémisphère opposé.

le ciel, d'abord très-clair, se couvre de nuages, et bientôt après la pluie tombe avec abondance. Les vents continuent pendant quelques instants entre le N. E. et le N. en fraîchissant ; ils sont ensuite remplacés par ceux du S. E. au S.

bord très-clair, se couvre de nuages, et bientôt après la pluie tombe avec abondance. Les vents continuent pendant quelques instants entre le S. E. et le S. en fraîchissant ; ils sont ensuite remplacés par ceux du N. E. au N.

Des effets à peu près semblables se reproduisent lorsque les vents alizés des deux hémisphères, continuant leur cours à la surface de la terre, se rencontrent à quelque distance de l'équateur.

Dans les deux cas, les vents du S. E. au S. ont en général peu de force entre le mois de novembre et le mois de mai ; mais, à partir de de cette dernière époque, ils en acquièrent davantage , et parfois depuis la fin de juin jusqu'au milieu d'octobre, ces vents, ainsi que ceux du N. E. au N., soufflent en ouragan.

Lorsque les vents du S. au S. O., qui règnent au-dessus des vents alizés du N. E., prennent de l'intensité, ils se rapprochent de la surface de la terre, quelquefois même ils y remplacent ces derniers ; mais alors ils causent une agitation plus ou moins considérable dans l'état de l'atmosphère , et si les vents alizés et ceux du S. au S. O. augmentent simultanément de force, il peut se produire une tempête et même un ouragan.

Dans les deux cas, les vents du N. E. au N. ont en général peu de force entre le mois de mai et le mois de novembre ; mais, à partir de cette dernière époque, ils en acquièrent davantage, et parfois dépuis la fin de novembre jusqu'au milieu d'avril, ces vents, ainsi que ceux du S. E. au S., soufflent en ouragan.

Lorsque les vents du N. au N. O., qui règnent au-dessus des vents alizés de S. E., prennent de l'intensité, ils se rapprochent de la surface de la terre ; quelquefois même ils y remplacent ces derniers; mais alors ils causent une agitation plus ou moins considérable dans l'état de l'atmosphère, et si les vents alizés et ceux du N. au N. O. augmentent simultanément de force, il peut se produire une tempête et même un ouragan.

Les vents polaires du N. au N. O. ou du S. au S. O., suivant l'hémisphère, qui règnent au delà des parallèles de 60°, passent au-dessus des vents tropicaux ; ils descendent ensuite à la surface de la terre près de la limite équatoriale de ces derniers.

Lorsque les vents tropicaux du S. à l'O. ou du N. à l'O. suivant l'hémisphère, acquièrent de l'intensité, ils s'étendent assez souvent vers l'E.; ils parviennent ainsi à occuper une vaste étendue et à former dans chaque hémisphère une zone comme celle des vents alizés, mais plus ondulée et plus souvent interrompue.

Dans certaines parties de cette zone, les vents tropicaux soufflent entre le S. E. et le S. O. ou entre le N. E. et le N. O., et ils commencent, ainsi qu'il a été dit plus haut, aux limites extérieures des vents alizés. Dans les autres parties, les vents varient entre le S. O. et l'O. ou entre le N. O. et l'O. suivant l'hémisphère : leur limite la plus voisine de l'équateur se tient alors entre les parallèles de 30° et de 40°; leur limite polaire parvient souvent au delà des parallèles de 60°; mais quelquefois elle ne dépasse pas ceux de 45°.

Les vents qui dominent dans les latitudes élevées sont :

les vents polaires du N. au N. E. et du N. au N. O.; leur rencontre avec les vents tropicaux produit divers effets qui varient selon le plus ou moins d'intensité de ces courants d'air.

Lorsque les vents du N. au N. O. sont moins forts que les vents tropicaux, ils vont souffler au-dessus de ceux-ci; mais ils se rapprochent promptement de la surface de la terre à la limite Sud des vents tropicaux, et, dans ce cas, c'est à partir de cette limite seulement que les vents polaires suivent, pour former les vents alizés, les directions dont il a été fait mention (page 14).

Lorsque les vents du N. au N. O., qui soufflent au-dessus des vents tropicaux, prennent de l'intensité, ils tendent à se rapprocher du sol; souvent ils y parviennent, et déterminent des grains plus ou moins violents. Ils ont alors eux-mêmes une très-grande force; mais ils se modèrent à mesure que les vents tropicaux remontent vers les hautes régions et c'est seulement lorsque ces derniers sont très-élevés, que les vents polaires varient régu-

les vents polaires du S. au S. E. et du S. au S. O.; leur rencontre avec les vents tropicaux produit divers effets qui varient selon le plus ou moins d'intensité de ces courants d'air.

Lorsque les vents du S. au S. O. sont moins forts que les vents tropicaux, ils vont souffler au-dessus de ceux-ci; mais ils se rapprochent promptement de la surface de la terre à la limite Nord des vents tropicaux, et, dans ce cas, c'est à partir de cette limite seulement que les vents polaires suivent, pour former les vents alizés, les directions dont il a été fait mention (page 14).

Lorsque les vents du S. au S. O., qui soufflent au-dessus des vents tropicaux, prennent de l'intensité, ils tendent à se rapprocher du sol; souvent ils y parviennent, et déterminent des grains plus ou moins violents. Ils ont alors eux-mêmes une très-grande force; mais ils se modèrent à mesure que les vents tropicaux remontent vers les hautes régions, et c'est seulement lorsque ces derniers sont très-élevés que les vents polaires varient régulièrelièrement pour se réunir aux vents alizés.

Les vents du N. au N. O. faiblissent assez souvent après avoir soufflé à la surface. Alors les vents tropicaux les y remplacent, s'ils augmentent d'intensité dans les couches supérieures, et les vents du N. au N. O. remontent dans les régions élevées.

ment pour se réunir aux vents alizés.

Les vents du S. au S. O. faiblissent assez souvent après avoir soufflé à la surface. Alors les vents tropicaux les y remplacent, s'ils augmentent d'intensité dans les couches supérieures, et les vents du S. au S. O. remontent dans les régions élevées.

Ces oscillations se renouvellent fréquemment, surtout en hiver, et déterminent ces mauvais temps de pluie et de vent qui sont de si longue durée entre les parallèles de 40° et de 60° dans les deux hémisphères.

Il arrive assez souvent que les vents tropicaux du S. S. O. à l'O. ou du N. N. O. à l'O., suivant l'hémisphère, continuent à souffler au-dessus des vents polaires ; ils redescendent ensuite à la surface près de la limite orientale de ces derniers.

Les perturbations deviennent considérables, lorsque les vents du N. au N. O. venant des latitudes élevées ont une intensité égale à celle des vents tropicaux ; ils se rencontrent à la surface de la terre, et les vents du N. au N. O. peuvent alors acquérir la violence de la tempête et la conserver longtemps, si les vents de l'hémisphère austral se réunissant aux vents tropicaux les empêchent de parvenir dans la zone torride. Dans ce cas, ces derniers acquièrent aussi la violence de la tempête. Mais, lorsque l'intensité des vents tropicaux ne dépend que de celle des vents alizés du N. E., les vents du N. au N. O., après avoir soufflé avec force pendant quelque temps, prennent leur cours régulier vers la zone torride.

Les perturbations deviennent considérables, lorsque les vents du S. au S. O. venant des latitudes élevées ont une intensité égale à celle des vents tropicaux ; ils se rencontrent à la surface de la terre et les vents du S. au S. O. peuvent alors acquérir la violence de la tempête et la conserver longtemps, si les vents de l'hémisphère boréal se réunissant aux vents tropicaux les empêchent de parvenir dans la zone torride. Dans ce cas, ces derniers acquièrent aussi la violence de la tempête. Mais, lorsque l'intensité des vents tropicaux ne dépend que de celle des vents alizés du S. E., les vents du S. au S. O. après avoir soufflé avec force pendant quelque temps, prennent leur cours régulier vers la zone torride.

Dans tous les cas, les vents polaires acquièrent leur plus grande force à l'instant où ils remplacent les vents tropicaux ; ces derniers, au contraire, sont modérés lorsqu'ils succèdent aux vents polaires et l'instant où ils soufflent avec le plus de force précède ordinairement de très-peu celui où ils vont être remplacés par les vents polaires.

Calmes des tropiques.

Les calmes des tropiques peuvent se produire entre les limites extérieures des vents alizés et les limites équatoriales des vents tropicaux, lorsque les premiers sont modérés et que les vents polaires du N. au N. O. ou du S. au S. O., suivant l'hémisphère, ne soufflent pas au-dessus des vents tropicaux. Dans ces circonstances, les contre-courants de ces derniers et ceux des vents alizés sont faibles et ils s'anéantissent mutuellement aux divers points où ils se rencontrent.

Des effets produits par la rencontre des vents tropicaux avec les vents polaires du N. au N. E. ou du S. au S. E., suivant l'hémisphère.

Les vents du N. au N. E., qui règnent assez souvent dans la zone glaciale, parviennent quelquefois dans la zone torride, en continuant à souffler à la surface ; mais parfois ils rencontrent dans la zone tempérée les vents tropicaux du S. S. E. au S. O., qui, s'ils sont plus forts, font détourner ceux du N. au N. E. de leur direction et leur font prendre celle de l'E. ; après avoir soufflé sur un espace de peu d'étendue, ces vents d'E. tournent vers les pôles ; ils prennent d'abord la direction de l'E. S. E., ensuite celle du S. E. et successivement celles du S. et du S. O., de manière à former un courant d'air circulaire de forme plus ou moins régulière et occupant un espace limité, mais plus considérable pendant l'hiver que pendant l'été. Ces courants d'air circulaires atteignent parfois le parallèle de 36° dans l'océan

Les vents du S. au S. E., qui règnent assez souvent dans la zone glaciale, parviennent quelquefois dans la zone torride, en continuant à souffler à la surface ; mais parfois ils rencontrent dans la zone tempérée les vents tropicaux du N. N. E. au N. O., qui, s'ils sont plus forts, font détourner ceux du S. au S. E. de leur direction et leur font prendre celle de l'E. ; après avoir soufflé sur un espace de peu d'étendue, ces vents d'E. tournent vers les pôles ; ils prennent d'abord la direction de l'E. N. E., ensuite celle du N. E. et successivement celles du N. et du N. O., de manière à former un courant d'air circulaire occupant un espace limité, mais plus considérable pendant l'hiver que pendant l'été. Ces courants d'air circulaires descendent quelquefois en hiver jusqu'au parallèle d'en-

Atlantique septentrional ¹. Ils dépassent rarement celui de 45° dans le grand Océan.

Mais, lorsque les vents du N. au N. E. ont plus d'intensité que les vents tropicaux, ils forcent ces derniers à remonter vers les hautes régions jusqueauxquelles ils s'étendent bientôt eux-mêmes. Ils parviennent ainsi dans la zone torride, souvent jusqu'à l'équateur et même au delà.

Il arrive rarement, dans les mers libres, que les vents polaires du N. au N. E. soufflent dans les régions supérieures, pendant que les vents tropicaux règnent à la surface; mais cela a lieu quelquefois sur le versant occidental des continents, des grandes îles, ainsi que dans les lieux où ces vents se dirigent de la terre vers la mer.

La rencontre des vents polaires du N. au N. E. avec les vents tropicaux du S. à l'O. cause dans l'atmosphère une agitation d'autant

viron 50°. Pendant l'été ils dépassent rarement celui de 60°.

Mais, lorsque les vents du S. au S. E. ont plus d'intensité que les vents tropicaux, ils forcent ces derniers à remonter vers les hautes régions jusqueauxquelles ils s'étendent bientôt eux-mêmes. Ils parviennent ainsi dans la zone torride, souvent jusqu'à l'équateur et même au delà.

Il arrive rarement, dans les mers libres, que les vents polaires du S. au S. E. soufflent dans les régions supérieures pendant que les vents tropicaux règnent à la surface; mais cela a lieu quelquefois sur le versant occidental des continents, des grandes îles, ainsi que dans les lieux où ces vents se dirigent de la terre vers la mer.

La rencontre des vents polaires du S. au S. E. avec les vents tropicaux du N. à l'O. cause dans l'atmosphère une agitation d'autant

---

¹ Il arrive quelquefois, mais principalement en hiver, que les vents du N. au N. E. règnent de l'autre côté du Rhin ou dans la partie orientale de la France, tandis que ceux du S. au S. O. règnent dans la partie occidentale. Cet effet se produit lorsque les vents tropicaux soufflent à ce même instant sur les côtes d'Afrique et entre les côtes du Portugal et les îles Açores.

Les vents du N. au N. E. varient à l'E. N. E. et à l'E. en avançant vers la Méditerranée; ils soufflent souvent de cette dernière direction sur les côtes de Provence, de l'E. S. E. dans le golfe de Lyon, près du versant septentrional des Pyrénées et dans la partie méridionale du golfe de Gascogne; mais, avant d'arriver sur le méridien du cap Finistère, les vents varient au S. E., au S. et au S. O. Ces derniers soufflent alors dans la partie septentrionale du golfe de Gascogne, dans la Manche et dans la partie occidentale de la France.

Il est facile de distinguer ces vents de S. O. des vents tropicaux, parce que ces derniers sont toujours plus ou moins chauds, tandis que les premiers sont ordinairement un peu frais; et, quoique pluvieux, le temps est moins humide pendant leur durée que pendant celle des vents tropicaux.

Quelquefois les vents de l'E. à l'E. S. E. ne règnent que sur les côtes de Provence, dans le golfe de Lyon, entre le détroit de Gibraltar et le versant méridional des Pyrénées; alors les vents du S. au S. O. parviennent dans tout le golfe de Gascogne, dans la Manche et dans la plus grande partie de la France.

plus considérable, qu'ils ont plus d'intensité.

Parfois les vents polaires du N. au N. E. et du N. au N. O. soufflent simultanément dans les parages plus ou moins éloignés les uns des autres ; ils se réunissent ensuite pour s'écouler vers la zone torride et y augmenter l'intensité des vents alizés du N. E. sans agiter l'atmosphère ; mais si les vents alizés, détournés de leur direction naturelle, soufflaient entre l'E. et le S. E. (page 17), ou bien si les vents de l'hémisphère austral du S. E. au S. ou du S. au S. O. empêchaient ceux du N. au N. E. et du N. au N. O. de se rapprocher de l'équateur, il pourrait se produire un ouragan des plus violents.

Dans le golfe du Mexique, les vents polaires commencent souvent entre le N. et le N. O., en même temps que sur la côte orientale des Etats-Unis les vents polaires soufflent entre le N. et le N. E.

Souvent sur les côtes occidentales de la Chine les vents polaires s'élèvent entre le N. et le N. O., alors qu'ils soufflent entre le N. et le N. E. dans le détroit de Formose.

Il arrive assez fréquemment que les vents soufflent entre le N. et le N. E. dans la partie orientale du golfe du Bengale, en même temps que ceux du N. au N. O. règnent dans la partie occidentale du fond de ce golfe.

plus considérable qu'ils ont plus d'intensité.

Parfois les vents polaires du S. au S. E. et du S. au S. O. soufflent simultanément dans les parages plus ou moins éloignés les uns des autres ; ils se réunissent ensuite pour s'écouler vers la zone torride et y augmenter l'intensité des vents alizés du S. E. sans agiter l'atmosphère ; mais si les vents alizés, détournés de leur direction naturelle, soufflaient entre l'E. et le N. E. (page 17), ou bien si les vents de l'hémisphère boréal du N. E. au N. ou du N. au N. O. empêchaient ceux du S. au S. E. et du S. au S. O. de se rapprocher de l'équateur, il pourrait se produire un ouragan des plus violents.

Près des côtes occidentales d'Afrique et d'Amérique, les vents polaires commencent souvent entre le S. et le S. E., tandis qu'au large ils soufflent entre le S. et le S. O.

Dans les mers de l'Inde, les vents polaires soufflent souvent entre le S. et le S. O. sur le méridien de Madagascar, tandis qu'ils soufflent entre le S. et le S. E., sur celui de l'île Rodrigues.

Ordre dans lequel les vents varient dans les zones tempérées et dans les zones glaciales.

Il semblerait, d'après les explications de la plupart des auteurs qui ont traité la question des vents, qu'à la suite des calmes qui ont lieu dans les zones tempérées, le premier vent qui s'élève devrait se diriger des pôles vers l'équateur; cela arrive effectivement quelquefois; mais, dans le plus grand nombre de cas, le vent se dirige d'abord de la zone torride vers les pôles. Ainsi,

Dans l'hémisphère boréal, il vient d'abord du S. S. E.; faible en commençant, il fraîchit progressivement. Si le temps se couvre, le vent continue à prendre de la force, et il se rapproche du S. O. La pluie commence à tomber lorsqu'il souffle entre le S. et le S. S. O.; alors le temps devient brumeux; le vent passe ensuite au S. O. et même à l'O. S. O.; il souffle souvent de ces directions pendant plusieurs jours; mais il finit ordinairement par sauter à l'O. N. O. dans des grains quelquefois violents, qui se succèdent avec rapidité; c'est alors que le vent a le plus de force.

Lorsque le vent de l'O. N. O. a acquis une certaine durée en conservant son intensité, il passe au N. O. ou au N., et si le temps s'embellit, c'est un indice probable qu'il parvient dans la zone torride.

Si le vent faiblit, après avoir sauté du S. O. ou de l'O. S. O. à l'O. N. O. et que le temps ne s'embellisse pas, il revient à l'O. S. O. en soufflant dans les directions intermédiaires. Le vent de l'O. S. O., après quelque temps de durée, saute de nouveau à l'O. N. O. pour revenir encore à l'O. S. O. Si, dans ces os-

Dans l'hémisphère austral, il vient d'abord du N. N. E.; faible en commençant, il fraichit progressivement. Si le temps se couvre, le vent continue à prendre de la force, et il se rapproche du N. O. La pluie commence à tomber lorsqu'il souffle entre le N. et le N. N. O.; alors le temps devient brumeux; le vent passe ensuite au N. O. et même à l'O. N. O.; il souffle souvent de ces directions pendant plusieurs jours; mais il finit ordinairement par sauter à l'O. S. O. dans des grains quelquefois violents, qui se succèdent avec rapidité; c'est alors que le vent a le plus de force [1].

Lorsque le vent de l'O. S O. a acquis une certaine durée en conservant son intensité, il passe au S. O. ou au S., et si le temps s'embellit, c'est un indice probable qu'il parvient dans la zone torride.

Si le vent faiblit, après avoir sauté du N. O. ou de l'O. N. O. à l'O. S. O. et que le temps ne s'embellisse pas, il revient à l'O. N. O. en soufflant dans les directions intermédiaires. Le vent de l'O. N. O., après quelque temps de durée, saute de nouveau à l'O. S. O. pour revenir encore à l'O. N. O. Si dans ces

---

[1] Sur les côtes du Chili et à quelque distance au large, les vents sautent souvent du N. à l'O. N. O.; cette anomalie est sans doute produite par la chaine des Cordillères.

cillations, le vent vient à souffler entre le N. O. et le N., ou entre le S. O. et le S. S. E., il peut acquérir la violence de la tempête.

Dans tous les cas, un instant avant que le vent de l'O. N. O. remplace celui de l'O. S. O., ce dernier se rapproche du S. en augmentant de force, et lorsque le vent de l'O. N. O. commence à souffler, ainsi que pendant la durée des grains, sa direction se rapproche du N.

Les vents sautent ordinairement de l'O. S. O. à l'O. N. O.; mais quelquefois ils varient seulement de l'O. $\frac{1}{4}$ S. O. à l'O. $\frac{1}{4}$ N. O., parfois même de l'O. S. O. à l'O., sur les parallèles au-dessus de 40° de latitude. Plus près de l'équateur, ils varient plus régulièrement du S. O. au N. O. et même au N.

Lorsqu'à la suite des calmes, le vent se dirige des pôles vers l'équateur, il prend ordinairement la direction du N. dans la zone tempérée; il varie successivement au N. N. E. et au N. E. en avançant vers le Sud. C'est lorsqu'il souffle du N. N. E. dans la zone torride, qu'il acquiert sa plus grande intensité.

oscillations le vent vient à souffler entre le S. O. et le S. ou entre le N. O. et le N. N. E., il peut acquérir la violence de la tempête.

Dans tous les cas, un instant avant que le vent de l'O. S. O. remplace celui de l'O. N. O., ce dernier se rapproche du N. en augmentant de force, et lorsque le vent de l'O. S. O. commence à souffler, ainsi que pendant la durée des grains, sa direction se rapproche du S.

Les vents sautent ordinairement de l'O. N. O. à l'O. S. O.; mais quelquefois ils varient seulement de l'O. $\frac{1}{4}$ N. O. à l'O. $\frac{1}{4}$ S., parfois même de l'O. N. O. à l'O., sur les parallèles au-dessus de 40° de latitude. Plus près de l'équateur, ils varient plus régulièrement du N. O. au S. O. et même au S.

Lorsqu'à la suite des calmes, le vent se dirige des pôles vers l'équateur, il prend ordinairement la direction du S. dans la zone tempérée; il varie successivement au S. S. E. et au S. E. en avançant vers le Nord. C'est lorsqu'il souffle du S. S. E. dans la zone torride, qu'il acquiert sa plus grande intensité.

Les vents polaires se rapprochent de l'E. en avançant vers la zone torride où ils soufflent entre le N. E. et l'Est. Ils prennent assez souvent cette direction entre les côtes d'Europe et celles de l'Amérique septentrionale, après avoir suivi les directions intermédiaires, c'est-à-dire celles du N., du N. N. E. et du N. E.; ils varient quelquefois jusqu'à l'E. et au S. E.; mais alors le calme ne tarde pas à succéder aux vents de cette dernière direction, ou bien ils passent au S. S. E. et au S. pour recommencer à varier au S. O. et sauter ensuite au N. O.

Lorsque dans la zone tempérée, les vents varient ainsi, c'est-à-dire de gauche à droite dans le sens du mouvement des aiguilles d'une montre, il a été remarqué qu'ils n'acquéraient une grande force qu'à l'instant seulement où ils sautaient de l'O. S. O. à l'O. N. O. et qu'ils ne la conservaient longtemps en passant au N. O. et au N., que dans les lieux où la configuration des terres pouvait contribuer à en augmenter l'intensité, comme dans le golfe de Lyon et dans celui du Mexique où ils soufflent assez souvent en coup de vent ; mais lorsque, dans la zone tempérée, les vents tournent en sens opposé, c'est-à-dire en sens inverse de la marche des aiguilles d'une montre, de grandes perturbations peuvent survenir dans l'état de l'atmosphère ; alors des coups de vent, des tempêtes, et même des ouragans peuvent se manifester.

Il existe cependant quelques exceptions à cette règle, car il arrive parfois sur les côtes occidentales de France, ainsi que dans les latitudes très-élevées, que le vent à la suite des calmes s'élève de la partie du S.; il passe ensuite au S E., à l'E. et au N. N. E. sans acquérir une grande force et sans que le temps cesse d'être beau ; mais si le vent vient à varier du N. N. E. au N. et au N. O., il pourra souffler en coup de vent et même en tempête.

La direction naturelle des vents alizés est à peu près le N. E.; mais, à mesure qu'ils faiblissent, ils se rapprochent de l'E., et, quand ils reprennent de l'intensité, ils reviennent au N. E ; ces oscillations,

Lorsque dans la zone tempérée, les vents varient dans le sens qui a été indiqué page 32, c'est-à-dire de droite à gauche en sens inverse du mouvement des aiguilles d'une montre, il a été remarqué qu'ils n'acquéraient une grande force, qu'à l'instant seulement où ils sautaient de l'O. N. O. à l'O. S. O. et qu'ils ne la conservaient longtemps en passant au S. O. et au S., que dans les lieux où la configuration des terres pouvait contribuer à en augmenter l'intensité, comme dans Rio de la Plata où ils soufflent assez souvent en coup de vent et même en tempête ; mais lorsque, dans la zone tempérée, les vents tournent en sens opposé, c'est-à-dire dans le sens de la marche des aiguilles d'une montre, de grandes perturbations peuvent survenir dans l'état de l'atmosphère ; alors des coups de vent, des tempêtes et même des ouragans peuvent se manifester.

Il existe cependant quelques exceptions à cette règle dans les régions polaires ; car à la suite des calmes, le vent s'élève quelquefois de la partie du N. ; il passe ensuite au N. E., à l'E. et au S. S. E., sans acquérir une grande force et sans que le temps cesse d'être beau ; mais si le vent vient à varier du S S. E. au S. et au S. O., il pourra souffler en coup de vent et même en tempête.

La direction naturelle des vents alizés est à peu près le S. E.; mais, à mesure qu'ils faiblissent, ils se rapprochent de l'E., et, quand ils reprennent de l'intensité, ils reviennent au S. E.; ces oscillations,

qui sont assez fréquentes, n'occa-
sionnent aucune agitation sensible
dans l'état de l'atmosphère.

qui sont assez fréquentes, n'occa-
sionnent aucune agitation sensible
dans l'état de l'atmosphère.

*Du mouvement de l'air et des nuages dans les couches supérieures de l'atmo-
sphère.*

Lorsque les vents polaires faiblissent, il se forme dans les hautes régions de l'atmosphère, depuis les limites extérieures des vents alizés jusque par les latitudes les plus élevées, des nuages qui se dissipent, si les vents polaires reprennent de l'intensité; mais, si ces vents continuent à faiblir, les nuages s'épaississent en se rapprochant de la terre, et forment ce qu'on appelle un *ciel pommelé*. Alors les vents polaires s'éteignent graduellement, et, après un intervalle de calme plus ou moins long, le vent s'élève de la partie du S. S. E. ou du N. N. E., suivant l'hémisphère.

Le ciel est assez souvent sans nuages pendant le calme qui précède le vent du S. S. E. ou du N. N. E., les rares nuages qui apparaissent ensuite dans les régions élevées se dirigent :

Dans l'hémisphère boréal :	*Dans l'hémisphère austral :*
vers le N. ou le N. N. O.; ils prennent ensuite très-promptement leur direction vers le N. N. E. et le N. E en se rapprochant de la terre [1]. Les vents tournent moins vite à la surface ; mais lorsqu'ils soufflent entre le S. O. et l'O. S. O., ils passent subitement à l'O. N. O., tandis que les nuages qui sont alors très-près du sol se rangent lente-ment d'abord à l'O. S. O., ensuite à l'O., à l'O. N. O. et enfin au N. O.; quelquefois les nuages chassent du S. O. au-dessus de ceux du N. O.; mais tous remontent peu à peu vers les hautes régions, en diminuant d'intensité à mesure qu'ils s'élèvent, et ils finissent	vers le S. ou le S. S. O.; ils prennent ensuite très-promptement leur direction vers le S. S. E. et le S. E. en se rapprochant de la terre [1]. Les vents tournent moins vite à la surface ; mais lorsqu'ils soufflent entre le N. O. et l'O. N. O., ils passent subitement à l'O. S. O., tandis que les nuages qui sont alors très-près du sol se rangent lente-ment d'abord à l'O. N. O., ensuite à l'O. et à l'O. S O. et enfin au S. O.; quelquefois les nuages chassent du N. O. au-dessus de ceux du S. O., mais tous remontent peu à peu vers les hautes régions, en diminuant d'intensité à mesure qu'ils s'élèvent, et ils finissent même

---

[1] Il est possible que ce soient de nouveaux nuages qui se forment au-dessous des plus élevés.

même par disparaître, lorsque les vents soufflent depuis quelque temps entre le N. et le N. O. ou entre le N. et le N. E. dans la zone tempérée, et entre le N. E. et l'E. dans la zone torride.

De ces effets que j'ai souvent observés principalement près de la limite Nord des vents alizés du N. E., j'ai conclu :

1º Que les vents polaires du N. N. E. au N. O., en avançant vers l'équateur, se rapprochent plus lentement du N. E. dans les couches supérieures que dans les couches inférieures ;

2º Que ces vents conservent leur direction normale au-dessus des vents de N. E.;

3º Enfin que les vents du N. N. E. au N. O., qui soufflent entre les vents alizés des deux hémisphères, ainsi que les vents de ces mêmes directions qui règnent dans la zone tempérée de l'hémisphère austral, sont la continuation des vents polaires du N. N. E. au N. O.

Il existe au surplus dans plusieurs cas, entre l'intensité des vents polaires et celle des vents variables de la zone torride, une telle relation qu'il y a quelque probabilité que les faits se passent ainsi que je l'ai indiqué [1].

par disparaître, lorsque les vents soufflent depuis quelque temps entre le S et le S. O. ou entre le S. et le S. E. dans la zone tempérée, et entre le S. E. et l'E. dans dans la zone torride.

De ces effets que j'ai souvent observés principalement près de la limite Sud des vents alizés du S. E., j'ai conclu :

1º Que les vents polaires du S. S. E. au S. O., en avançant vers l'équateur, se rapprochent plus lentement du S. E. dans les couches supérieures que dans les couches inférieures ;

2º Que ces vents conservent leur direction normale au-dessus des vents de S. E.;

3º Enfin que les vents du S. S. E. au S. O., qui soufflent entre les vents alizés des deux hémisphères, ainsi que les vents de ces mêmes directions qui règnent dans la zone tempérée de l'hémisphère boréal, sont la continuation des vents polaires du S. S. E. au S. O.

Il existe au surplus dans plusieurs cas, entre l'intensité des vents polaires et celle des vents variables de la zone torride, une telle relation qu'il y a quelque probabilité que les faits se passent ainsi que je l'ai indiqué [2].

---

[1] Voir note B, page 68.

Les observations faites par l'illustre M. de Humboldt, lors de son ascension au pic de Ténériffe, sembleraient aussi le confirmer, car selon toute probabilité les vents soufflaient du N. E. sur la rade de Sainte-Croix, tandis qu'il observait des vents de N. à *la Halte des Anglais* et des vents d'O. au sommet du pic ; mais comme l'air était très-sec et la température presque à zéro à la cime de cette montagne, les vents devaient y souffler au N. plutôt qu'au S. de l'O., parce que les vents, pour peu qu'ils viennent du S., ne sont ordinairement ni secs ni froids.

[2] M. de Tessan a observé, le 29 et le 31 janvier 1857, des nuages élevés

Les nuages annoncent rarement la présence des vents polaires du N. au N. O. et du N. au N. E., au-dessus des vents alizés du N., parce que ces vents qui sont ordinairement secs et froids à la limite Nord des vents alizés sont peu susceptibles de devenir nuageux; mais ils perdent une partie de ces propriétés en avançant vers le S.; les vents du N. O. au N. N. O. les perdent avant ceux du N. N. O. au N. et ceux-ci beaucoup plus tôt que ceux du N. au N. E.; de manière que les vents du N. O. au N. N. O. peuvent devenir nuageux avant de parvenir à l'équateur; tandis que ceux du N. au N. E. ne le deviennent ordinairement qu'à la limite Sud des vents alizés du S. E.

D'un autre côté, les vents ne sont jamais nuageux à une certaine élévation au-dessus du sol; ils le deviennent en s'en rapprochant; mais ceux du N. O. sont nuageux à une distance beaucoup plus considérable de la surface de la terre, que les vents du N. au N. E. Il résulte de ces faits que les nuages doivent indiquer la présence des vents du N. O. au N. N. O. au-dessus des vents alizés du S. E. beaucoup plus souvent que celle des vents du N. au N. E., quoique ces derniers soufflent fréquemment entre les deux autres.

Les nuages annoncent rarement la présence des vents polaires du S. au S. O. et du S. au S. E., au-dessus des vents alizés du S.; parce que ces vents qui sont ordinairement secs et froids à la limite Sud des vents alizés sont peu susceptibles de devenir nuageux; mais ils perdent une partie de ces propriétés en avançant vers le N.; les vents du S. O. au S. S. O. les perdent avant ceux du S. S. O. au S. et ceux-ci beaucoup plus tôt que ceux du S. au S. E.; de manière que les vents du S. O. au S. S. O. peuvent devenir nuageux avant de parvenir à l'équateur; ceux du S. S. O. au S. sur l'équateur même; tandis que ceux du S. au S. E. ne le deviennent ordinairement qu'à la limite Nord des vents alizés du N. E.

D'un autre côté, les vents ne sont jamais nuageux à une certaine élévation au-dessus du sol; ils le deviennent lorsqu'ils s'en rapprochent; mais ceux du S. O. sont nuageux à une distance beaucoup plus considérable de la surface de la terre, que les vents du S. au S. E. Il résulte de ces faits que les nuages doivent indiquer la présence des vents du S. O. au S. S. O. au-dessus des vents alizés du N. E. beaucoup plus souvent que celle des vents du S. au S. E., quoique ces derniers soufflent fréquemment entre les deux autres.

---

indiquant l'existence des vents de l'O. 37° S. dans les couches supérieures, tandis que les vents alizés de l'E. S. E soufflaient à la surface.

29 janvier, lat. 10° 56′ S., long. 36° 15′ O.
31 janvier, lat. 15° 10′ S., long. 37° 36′ O.

Les vents tropicaux et les vents variables de la zone torride sont ordinairement accompagnés d'un temps couvert et pluvieux. Pendant leur durée, il est donc difficile de pouvoir distinguer la direction des vents supérieurs. J'ai cependant aperçu quelquefois des nuages indiquant la présence des vents polaires au-dessus des vents tropicaux, et celle des vents alizés au-dessus des vents variables de la zone torride ; cette dernière circonstance a été même observée à bord de la *Bonite* dans l'océan Atlantique et dans la mer Pacifique. De ces observations, combinées avec les divers effets qui se produisent à la surface de la terre, j'ai cru pouvoir conclure que, dans certain cas, les vents polaires soufflent au-dessus des vents tropicaux, et les vents alizés au-dessus des vents variables de la zone torride.

Les auteurs, qui ont traité la question des vents, affirment qu'il existe toujours au-dessus des vents alizés des courants d'air ayant une direction diamétralement opposée à celle de ces vents ; dans leur opinion, ces courants d'air supérieurs sont produits par l'air raréfié entre les tropiques qui, s'élevant vers les hautes régions, s'y dirige en sens inverse des vents alizés.

D'après mes observations, confirmées d'ailleurs par celles d'autres navigateurs, ces vents supérieurs ne s'établissent que dans certaines circonstances atmosphériques ; ils n'ont que très-rarement une direction tout à fait opposée à celle des vents de la surface, et ils ne sont autres que la continuation des vents de l'hémisphère opposé à celui dans lequel ils soufflent [1].

La plupart des auteurs admettent que les vents supérieurs descendent à la surface, près des limites extérieures des vents alizés, ce qui est parfaitement exact ; mais ces vents commencent toujours à souffler, près de ces limites, entre le S. E. et le S. dans l'hémisphère boréal, et entre le N. E. et le N. dans l'hémisphère austral, c'est-à-dire d'une direction presque perpendiculaire à celle des vents alizés, et il est très-rare qu'ils commencent à souffler du S. O. ou du N. O., suivant l'hémisphère, sur les mêmes limites, ainsi que le prétendent ces auteurs.

Les vents polaires du N. O. au N. E. amènent ordinairement le beau temps au N. du parallèle de	Les vents polaires du S. O. au S. E. amènent ordinairement le beau temps au S. du parallèle de

---

[1] Voir notes C et D, pages 70 et 72.

35°; mais pour produire le même effet entre ce parallèle et le tropique du Cancer, il faut qu'ils soufflent entre le N. et l'E., et entre le N. E. et l'E. pour la zone torride.

La présence des vents de l'hémisphère austral au-dessus des vents alizés du N. E. est souvent indiquée dans l'intervalle qui s'écoule entre les mois de novembre et d'avril ; mais elle l'est beaucoup plus fréquemment depuis le mois d'avril jusqu'au mois de novembre, d'abord près de l'équateur et successivement sur des parallèles de plus en plus élevés.

Lorsque, dans la zone torride, des éclairs apparaissent du côté du pôle, c'est un indice qu'un courant d'air polaire va s'établir dans la zone tempérée : en effet, peu de temps après, les vents alizés augmentent de force, en se rapprochant du N. E., et le baromètre remonte.

Les éclairs dans la direction du S. annoncent la présence des vents de l'hémisphère austral dans les couches supérieures ; mais ils ne sont pas toujours un indice que ces vents souffleront à la surface, car souvent ils continuent à se maintenir dans les régions élevées.

35°; mais pour produire le même effet entre ce parallèle et le tropique du Capricorne, il faut qu'ils soufflent entre le S. et l'E., et entre le S. E. et l'E. pour la zone torride.

La présence des vents de l'hémisphère boréal au-dessus des vents alizés du S. E. est souvent indiquée dans l'intervalle qui s'écoule entre les mois d'avril et d'octobre ; mais elle l'est beaucoup plus fréquemment depuis le mois d'octobre jusqu'au mois d'avril, d'abord près de l'équateur et successivement sur des parallèles de plus en plus élevés.

Lorsque, dans la zone torride, des éclairs apparaissent du côté du pôle, c'est un indice qu'un courant d'air polaire va s'établir dans la zone tempérée : en effet, peu de temps après, les vents alizés augmentent de force en se rapprochant du S. E., et le baromètre remonte.

Les éclairs dans la direction du N. annoncent la présence des vents de l'hémisphère boréal dans les couches supérieures ; mais ils ne sont pas toujours un indice que ces vents souffleront à la surface, car souvent ils continuent à se maintenir dans les régions élevées.

Lorsque les vents alizés, qui soufflent entre l'E. N. E. et l'E. ou entre l'E. S. E. et l'E., suivant l'hémisphère, sont modérés, il se forme quelquefois, un instant avant ou un instant après le coucher du soleil, une ou plusieurs couches de nuages qui se dissipent quelque temps après le crépuscule du soir. S'il n'existe qu'une seule couche, les nuages sont immobiles, ou bien ils ont à peu près la même direction que les vents de la surface. S'il se forme trois couches, ce qui arrive assez souvent, les nuages inférieurs se dirigent à peu près comme le vent ; ceux de la couche intermédiaire, dans une direction perpendiculaire à celle de ces derniers, et ceux de la couche supérieure dans une direction presque diamétralement opposée à celle des vents de la surface.

Dans quelques circonstances, les nuages ne se forment que du côté où le soleil se couche et à l'horizon au-dessus duquel ils s'élèvent peu ; ces nuages, qui sont alors remarquables par leur couleur brillante, paraissent immobiles.

Intensité des courants d'air sur la ligne perpendiculaire à leur direction.

Les courants d'air n'ont pas une intensité égale sur tous les points des lignes perpendiculaires à leur direction ; leur intensité est ordinairement plus grande vers le milieu de ces lignes que sur leurs extrémités ; mais, lorsque des obstacles empêchent ces courants d'air de suivre leur cours, le point de la plus grande intensité se trouve souvent sur les limites extérieures ; ainsi les vents alizés sont généralement plus intenses vers le milieu de la perpendiculaire que sur les extrémités de cette ligne situées, soit du côté des pôles, soit du côté de l'équateur ; ils sont même très-modérés sur cette dernière extrémité lorsqu'elle est voisine de ce grand cercle, mais lorsqu'elle en est éloignée de plus de 10° les vents alizés peuvent y acquérir une grande force si ce sont les vents de l'hémisphère opposé ou bien des terres élevées qui les empêchent de se rapprocher de l'équateur.

De même, les vents polaires du N. O. au N. E. ou du S. O. au S. E., suivant l'hémisphère, sont aussi plus intenses sur le milieu de la perpendiculaire à leur direction que sur les extrémités de cette ligne. Ils sont toujours modérés sur leur limite orientale, mais ils augmentent d'intensité sur leur limite occidentale, lorsque les vents tropicaux ou des terres élevées les empêchent de s'étendre ou de se transporter vers l'O.

Dans la mer des Antilles, les vents alizés ont presque toujours plus d'intensité près de leur limite Sud que vers leur milieu ou près de leur limite Nord, parce que, dans une saison, les hautes terres du continent s'opposent à ce qu'ils se rapprochent de l'équateur, et que, dans la saison opposée, ce sont les vents de l'hémisphère austral qui les maintiennent à une certaine distance de la côte.

Dans le golfe du Mexique, les vents polaires du N. N. O. au

N. N. E. acquièrent souvent leur plus grande force sur la
limite voisine de la côte du Mexique ; ils en ont toujours beaucoup moins sur leur limite orientale.

Période pendant laquelle les vents polaires conservent une grande intensité.

Les vents polaires, après s'être établis, conservent leur même
force pendant une certaine période qui varie suivant leur intensité primitive et selon la latitude. Cette période est plus
longue lorsque les vents ont plus d'intensité ou lorsque la
latitude est plus élevée ; elle varie de un à cinq jours dans la
zone torride, mais le terme moyen y est à peu près de trois
jours.

Les vents polaires se transportent de l'E. à l'O.

Après cette période, les vents varient dans leur force et dans
leur direction; ils s'étendent ensuite successivement vers l'Ouest.
Souvent ils se transportent dans cette même direction. Mais leur
déplacement ne s'opère pas toujours d'une manière régulière :
ainsi les vents polaires peuvent durer plusieurs jours, même des
mois entiers, en ne variant que dans leur intensité, sur les côtes
dont la direction se rapproche de celle des vents [1]. Cet effet
se produit également lorsque les vents s'écoulent vers la pleine
mer par les grands bassins ou les grandes vallées ayant à peu
près la direction du N. au S. [2]; et ce n'est qu'à une très-
grande distance des côtes, entre le parallèle de 35° et les
limites extérieures des vents alizés, que leur déplacement
s'opère avec quelque régularité ; dans tous les cas, les vents
polaires se déplacent plus lentement lorsqu'ils ont plus d'intensité.

Les vents tropicaux se transportent dans la même direction que les vents polaires, et les lieux occupés d'abord par ces derniers le sont ensuite par les
vents tropicaux, et réciproquement.

Les vents tropicaux se transportent en même temps et dans
la même direction queles vents polaires, c'est-à-dire de l'E. à

---

[1] Comme les côtes occidentales d'Espagne et du Portugal, etc.
[2] La vallée du Rhône, la mer Rouge, etc.

l'O., entre les limites extérieures des vents alizés et le parallèle de 35° environ, de manière que les lieux occupés d'abord par les vents polaires le sont ensuite par les vents tropicaux ; mais plus près des pôles, ces derniers s'étendent assez souvent vers l'Est. Leur intensité dépend de celle des vents alizés dont ils sont les contre-courants ; elle est souvent augmentée par l'influence des vents de l'hémisphère opposé.

Les vents tropicaux, comme les vents polaires, durent plus longtemps sur les côtes dont la direction se rapproche de celle de ces vents, qu'au large de ces mêmes côtes ; mais, pendant une saison, les vents polaires dominent soit sur les côtes orientales, soit sur les côtes occidentales des continents et dans certains bassins, tandis que les vents tropicaux ou les vents variables de la zone torride dominent sur les côtes opposées de ces mêmes continents et dans d'autres bassins : le contraire a lieu dans l'autre saison.

Ainsi, depuis le mois d'avril jusqu'au mois d'octobre, les vents polaires soufflent presque constamment sur les côtes occidentales d'Espagne et du Portugal [1], tandis que les vents tropicaux dominent sur les côtes méridionales des Etats-Unis et dans une partie du golfe du Mexique [2] ; dans l'autre saison, au contraire, les vents polaires prévalent dans ces derniers parages, tandis que les vents tropicaux sont, sinon plus, du moins aussi fréquents que les vents polaires sur les côtes d'Espagne et du Portugal.

Les vents polaires dominent sur les côtes méridionales du Brésil et sur les mers adjacentes, depuis le mois d'avril jusqu'au mois d'octobre ; les vents tropicaux prévalent alors sur la côte occidentale d'Afrique au S. du tropique du Capricorne [3]. Le contraire a lieu entre le mois d'octobre et le mois d'avril.

A l'époque où les vents polaires soufflent le plus fréquemment sur la côte méridionale du Brésil, les vents tropicaux sont dominants sur la côte du Chili [4]. Les vents polaires du S. O. au S. E. sont les plus fréquents sur la côte du Chili de-

---

[1] Romme, page 64 ; La Coudrais, page 49.

[2] *Pilote américain* et *Routier des Antilles*, traduction de M. Chaucheprat, page 493 ; Romme, pages 45, 58, 61.

[3] *Pilote du Brésil*, amiral Roussin, page 44 ; Horsburgh, traduction de M. Le Predour, page 19 ; introduction, pages 19-256 ; D'Après de Mannevillette, page 24.

[4] *Instruction sur les côtes du Pérou*, page 10 ; Dupetit-Thouars, plan de Valparaiso.

puis le mois d'octobre jusqu'au mois d'avril ; les vents variables de la zone torride du N. au N. O. sont alors presque constants sur les côtes orientales de la Nouvelle-Hollande depuis l'équateur jusqu'au parallèle de 25° Sud. Dans la saison opposée, les vents tropicaux prévalent sur la côte du Chili, tandis que les vents polaires dominent sur les côtes orientales de la Nouvelle-Hollande.

Les vents tropicaux du N. N. E. au N. O. sont les plus fréquents sur la côte occidentale d'Afrique, au S. de l'équateur, depuis le mois d'avril jusqu'au mois d'octobre, alors que les vents polaires du S. O. au S. E. sont presque constants sur la côte orientale et dans le canal de Mozambique ; mais, entre le mois d'octobre et le mois d'avril, les vents polaires dominent sur la côte occidentale d'Afrique, tandis que les vents de l'hémisphère boréal du N. E. au N. O. soufflent presque constamment sur la côte orientale et dans le canal de Mozambique [1].

Les vents du N. au N. O. sont très-fréquents dans le bassin de la Méditerranée, depuis le mois d'avril jusqu'au mois d'octobre, tandis que les vents du S. au S. O. sont presque constants dans les golfes d'Arabie, du Bengale et dans la mer de Chine. Le contraire a lieu entre le mois d'octobre et celui d'avril : une grande masse d'air s'écoule alors des divers bassins terrestres du continent d'Asie vers les golfes d'Arabie, du Bengale et de la mer de Chine ; cette masse parvient même dans la partie de mer située au S. de l'équateur entre Madagascar et la Nouvelle-Hollande, lorsque les vents tropicaux du S. au S. O. sont fréquents dans la Méditerranée.

Espaces occupés par chacun des courants d'air polaires et par les vents tropicaux.

L'espace occupé par chacun des courants d'air polaires dans le sens perpendiculaire à leur direction est extrêmement variable et très-difficile à déterminer ; ainsi ces courants s'établissent fréquemment sur les côtes du Portugal, tandis que les vents tropicaux règnent à 100 ou 150 lieues de terre ; quelquefois les premiers occupent toute la partie de mer comprise entre la côte du Portugal et les Açores, tandis que les vents tropicaux soufflent entre ces îles et les Bermudes. Dans d'au-

---

[1] D'Après de Mannevillette ; Horsburgh.

tres circonstances, les vents polaires sont au contraire établis dans cette dernière partie de mer, en même temps que les vents tropicaux règnent entre les côtes du Portugal et les Açores.

Les vents polaires soufflent parfois dans le N. de la mer des Antilles, depuis le méridien de la Barbade jusqu'au fond du golfe du Mexique; mais dans un grand nombre de cas, plusieurs courants d'air polaires et courants d'air tropicaux se forment simultanément dans la même partie de mer.

Les bâtiments qui se rendent de la côte du Brésil au cap de Bonne-Espérance, de même que ceux qui font les traversées de Taïti à Valparaiso, ne conservent ordinairement les mêmes vents que pendant quelques jours; ils trouvent alternativement, entre les parallèles de 30° et de 35° S., les vents polaires et les vents tropicaux.

Les vents polaires qui règnent aux environs du cap de Bonne-Espérance s'étendent, tantôt à une grande distance, tantôt à une petite distance de terre; il en est de même de ceux qui soufflent sur la côte méridionale du Brésil. Les vents tropicaux qui se font ressentir sur cette dernière côte ne s'en éloignent pas dans quelques circonstances de plus de 20 à 30 lieues; tandis que, dans d'autres cas, ils s'en écartent de plus de 200 lieues dans l'E.

Les limites des vents alizés peuvent se déplacer considérablement à quelques jours d'intervalle.

Les vents alizés se déplacent dans le sens du méridien; leurs limites, qui sont toujours très-ondulées, se rapprochent ou s'éloignent de l'équateur selon l'intensité des vents polaires de l'hémisphère dans lequel ils soufflent, et selon l'intensité des vents de l'hémisphère opposé; aussi ces limites se déplacent-elles considérablement à peu de jours de distance. Ainsi les vents alizés ne règnent souvent que dans l'intérieur de la mer des Antilles, tandis que les vents polaires ou les vents tropicaux soufflent dans les canaux formés par ces îles; mais aussi quelquefois la limite Nord des vents alizés parvient sur le parallèle de 30 degrés et dans tout le golfe du Mexique. Toutefois,

Dans l'hémisphère boréal, les limites des vents alizés sont constamment plus rapprochées de l'é-	Dans l'hémisphère austral, les limites des vents alizés sont constamment plus rapprochées de l'é-

quateur dans la période qui s'écoule entre le mois d'octobre et celui d'avril, époque à laquelle les vents polaires du N. ont le plus d'intensité et où les vents alizés du S. en ont le moins , qu'entre le mois d'avril et celui d'octobre où le contraire a lieu.

quateur dans la période qui s'écoule entre le mois d'avril et celui d'octobre, époque à laquelle les vents polaires du S. ont le plus d'intensité et où les vents alizés du N. en ont le moins, qu'entre le mois d'octobre et celui d'avril où le contraire a lieu.

Dans les mers libres, les limites extérieures des vents alizés se tiennent ordinairement plus rapprochées de l'équateur que dans le voisinage des continents et dans les mers resserrées.

Limites entre lesquelles règnent les vents variables de la zone torride appelés *mousson du S. O.* ou *mousson du N. O.* dans les mers de l'Inde.

Mousson du N. E. ; mousson du S. E.

Les vents variables de la zone torride s'établissent dans l'hémisphère boréal depuis le mois d'avril jusqu'au mois d'octobre, époque à laquelle la limite Sud des vents alizés du N. E. est éloignée de l'équateur : ils s'établissent dans l'hémisphère austral depuis le mois d'octobre jusqu'à celui d'avril, lorsque la limite Nord des vents alizés du S. E. est éloignée de l'équateur.

Les vents variables de la zone torride du S. à l'O. règnent pendant les mois de juillet, août et septembre, depuis les côtes occidentales d'Afrique jusqu'à 50 ou 60 lieues des côtes de la Guyane, entre le parallèle de 3° de latitude N. et celui de 12° à 15° N., qu'ils dépassent assez souvent aux environs de la côte d'Afrique. Ces vents règnent en même temps sur les côtes occidentales d'Amérique et jusqu'au delà du méridien de 120° de longitude O., entre le parallèle de 2° à 4° N. et celui de 15° à 20° de latitude N.; ils parviennent même quelquefois jusqu'au parallèle de 30° sur les côtes du Mexique.

Les vents du S. à l'O. soufflent dans la même saison depuis les côtes orientales d'Afrique et d'Arabie jusqu'aux îles Mariannes, entre le parallèle de 1° à 4° de latitude S. et celui de 23° de latitude Nord. Souvent ils s'étendent jusque sur les côtes du Japon et de la Corée. Ils dominent même pendant les mois de mai, de juin et une partie du mois d'octobre dans le golfe d'Arabie, dans celui du Bengale et dans la mer de Chine, où on les nomme *mousson du S. O.*

Pendant la saison opposée, c'est-à-dire depuis le mois d'octobre jusqu'au mois d'avril, les vents alizés du N. E. se rapprochent de l'équateur et ils remplacent les vents du S. à l'O. dans tous les parages que je viens de désigner ; dans les golfes d'Arabie et du Bengale, et dans la mer de Chine, on donne le nom de *mousson du N. E.* à ces vents alizés.

Les vents variables de la zone torride du N. à l'O. règnent pendant les mois de janvier, février et mars depuis le méridien de 45° E. jusqu'à celui de 165° de longitude E., entre l'équateur et le parallèle de 12° à 15° de latitude S.; parfois ils dépassent le tropique du Capricorne. Ces mêmes vents dominent durant les mois de novembre, de décembre et durant une partie d'avril, entre le méridien de la pointe Nord de Madagascar et les côtes occidentales de la Nouvelle-Hollande où ils prennent le nom de *mousson du N. O.* Ils se font ressentir assez souvent pendant les mois de décembre, janvier, février et mars entre le méridien de 165° de longitude E., et celui des îles de la Société [1] ; mais ils deviennent moins fréquents à mesure qu'ils avancent vers ces dernières.

Les vents alizés du S. E. se rapprochent de l'équateur et remplacent ceux du N. à l'O., dans les parties de mer qui viennent d'être indiquées, depuis le mois d'avril jusqu'à celui de novembre. On donne le nom de *mousson du S. E.* aux vents alizés qui soufflent alors entre les côtes orientales de Madagascar et les côtes occidentales de la Nouvelle-Hollande.

La limite des vents variables de la zone torride la plus voisine de l'équateur se déplace très-peu ; mais celle qui en est plus éloignée se déplace considérablement ; elle dépasse parfois les parallèles de 30°. En même temps que cette limite se rapproche de l'équateur, la limite occidentale des vents variables se rapproche des continents ou de la limite orientale.

De temps en temps les vents variables de la zone torride augmentent de force ; ils ne se modèrent qu'après une période d'un à cinq jours et en même temps que les vents polaires ou les vents alizés dont ils dérivent.

---

[1] Renseignements nautiques, par M. Gaussin, ingénieur hydrographe ; *Annales hydrographiques* 1851, tome V, pages 187, 188.

Des vents dominants dans les diverses régions.

Il résulte de ce qui vient d'être exposé que le globe peut être divisé en plusieurs régions dans chacune desquelles les vents dominants ont des directions différentes. Dans la région la plus voisine de l'équateur, on trouve des calmes ou bien les vents variables de la zone torride soufflant entre le S. S. E. et le S. O. et l'O. dans l'hémisphère boréal, et entre le N. N. E. et le N. O. et l'O. dans l'hémisphère austral.

Les vents alizés du N. E. à l'E. ou du S. E. à l'E., suivant l'hémisphère, règnent ordinairement dans la plus grande partie de la zone torride.

Dans les régions comprises entre les parallèles d'environ 35° et les limites extérieures des vents alizés, les vents polaires du N. O. au N. E. ou du S. O. au S. E., suivant l'hémisphère, alternent assez régulièrement avec les vents tropicaux du S. E. au S. O. dans l'hémisphère boréal, et du N. E. au N. O. dans l'hémisphère austral.

Entre les parallèles de 35° et ceux de 60°, les vents du S. S. O. à l'O. et ceux du N. O. à l'O. dominent pendant la plus grande partie de l'année dans l'hémisphère Nord ; dans l'autre hémisphère, ce sont les vents du N. N. O. à l'O. et ceux du S. O. à l'Ouest. Entre les parallèles précités, il s'établit un combat presque continuel entre les vents polaires et les vents tropicaux, et c'est par suite de l'influence qu'ils exercent les uns sur les autres que leur direction est souvent très-rapprochée de l'O.

Les vents polaires du N. N. E. au N. N. O. ou du S. S. E. au S. S. O., suivant l'hémisphère, paraissent dominer dans les régions les plus voisines des pôles ; les vents du N. E. à l'E. ou du S. E. à l'E. sont ensuite les plus fréquents ; après ces derniers, ce sont ceux du S. E. au S. O. dans l'hémisphère boréal, et ceux du N. E. au N. O. dans l'hémisphère austral.

La largeur de ces diverses régions varie pendant une même saison ; mais ordinairement celles qui sont les plus voisines des pôles sont beaucoup plus larges pendant l'hiver correspondant à chaque hémisphère, que pendant l'été ; c'est tout le contraire pour les autres régions. Toutes se rapprochent de l'équateur pendant l'hiver ; elle s'en éloignent pendant l'été.

Comparaison des vents primitifs avec les vents secondaires.

J'ai donné le nom de *vents naturels* ou *primitifs* aux courants d'air polaires, et celui de *vents secondaires* aux vents tropicaux. *Les vents alizés* peuvent être considérés comme *vents naturels* ou *primitifs*, car ils sont une continuation des vents polaires; de même que les vents variables de la zone torride peuvent être considérés comme *vents secondaires*, parce qu'ils ont la même origine que les vents tropicaux.

Il existe une différence sensible entre les vents *primitifs* et les vents *secondaires*. Les vents primitifs ont plus de densité que les vents secondaires; ils s'établissent d'abord dans les couches inférieures de l'atmosphère, sinon dans tout leur parcours, du moins dans la plus grande partie; ils perdent de leur intensité à mesure qu'il s'éloignent du lieu où ils ont pris naissance, ou bien lorsque leur direction s'écarte de celle qu'ils avaient quand ils ont commencé à souffler. Lorsqu'ils sont bien établis, ils paraissent entraîner l'atmosphère dans leur mouvement, jusque dans les régions les plus élevées.

Les vents secondaires commencent d'abord à souffler dans les couches supérieures de l'atmosphère; ils deviennent ordinairement plus intenses en s'éloignant du lieu de leur origine; ces vents ne paraissent entraîner ordinairement qu'une couche peu épaisse de l'atmosphère, soit qu'ils règnent à la surface, soit qu'ils se maintiennent dans les régions élevées.

Les vents des couches supérieures se rapprochent de la surface dès qu'ils prennent de l'intensité. Les vents primitifs s'en rapprochent alors avec rapidité, tandis que les vents secondaires descendent lentement.

Les contre-courants des vents primitifs acquièrent plus de vitesse et occupent une étendue plus considérable que les contre-courants qui dérivent des vents secondaires de même intensité.

L'action du soleil ou celle de la chaleur exerce une influence plus constante et plus régulière sur les vents primitifs que sur les vents secondaires; mais la configuration des terres et les courants d'eau rapides détournent beaucoup plus facilement ces derniers de leur direction normale que les vents primitifs.

Les vents primitifs sont froids; ils le deviennent moins a mesure qu'ils s'avancent dans la zone torride et successivement vers l'O.; les vents secondaires sont chauds; ils le sont moins en s'éloignant de l'équateur.

Les vents primitifs sont secs et amènent ordinairement le beau temps; les vents secondaires sont humides, souvent pluvieux, et orageux, lorsque la température est élevée.

Les nuages n'annoncent la présence des vents primitifs dans

les couches supérieures de l'atmosphère, que lorsque soufflant près de la surface ils rencontrent d'autres vents qui les empêchent de parvenir jusqu'à la surface même, ou bien lorsque d'autres vents les empêchent de suivre leur cours, tandis que la présence des vents secondaires est presque toujours indiquée par les nuages, même quand ils règnent à une très-grande distance du sol.

Le baromètre monte dès que les vents primitifs commencent à s'établir; il atteint son maximum de hauteur, lorsque ces vents, ayant acquis de l'intensité, parviennent jusqu'aux régions les plus élevées de l'atmosphère et qu'ils ont dissipé les principes d'humidité et d'électricité produits, vraisemblablement, par la présence des vents secondaires. Au contraire, lorsque ceux-ci commencent à souffler, le baromètre baisse, et il se tient d'autant moins élevé que les vents ont plus de force.

Cette dernière règle éprouve cependant quelques modifications près de terre. Pour peu que les vents primitifs viennent de la mer, ils conservent toujours assez d'humidité pour empêcher le baromètre d'atteindre son maximum de hauteur. Les vents secondaires généralement pluvieux le sont moins en pleine mer que sur les côtes, lorsqu'ils viennent du large; mais ils sont quelquefois assez secs quand ils se dirigent de la terre vers la mer; dans ce dernier cas, le baromètre se tient plus élevé que dans le premier. Il est à remarquer que dans les circonstances ordinaires, la dépression du baromètre est toujours beaucoup moindre avec les vents variables de la zone torride qu'avec les vents tropicaux.

Les vents d'un hémisphère qui parviennent dans l'hémisphère opposé soit à la surface de la terre, soit dans les couches supérieures, conservent tant qu'ils soufflent à l'E. du N. ou du S., selon l'hémisphère, toutes les propriétés des vents primitifs jusque sur le parallèle de 8° à 10°; ils en perdent ensuite une grande partie en avançant vers les pôles; ils deviennent moins denses et moins secs, mais ils le sont toujours plus que les vents qui soufflent à l'O. du N. ou du S., suivant l'hémisphère. Lorsque les premiers sont faibles, ils peuvent se faire ressentir à la surface, en même temps que dans les régions élevées de l'atmosphère. Alors si leur direction est entre le S. et le S. S. E. dans l'hémisphère boréal, et entre le N. et le N. N. E. dans l'hémisphère austral, l'atmosphère est souvent dégagée de toute vapeur; les terres sont nettes et peuvent être distinguées à des distances beaucoup plus considérables que dans les autres circonstances atmosphériques.

Les vents tropicaux conservent aussi quelques-unes des propriétés des vents primitifs, tant qu'ils soufflent à l'E. du S. ou du N., suivant l'hémisphère ; ils perdent ces propriétés à mesure que leur direction s'écarte de celle des vents alizés dont ils dérivent ; mais dès qu'ils prennent leur direction à l'O. du S. ou du N., ils n'ont plus que les propriétés des vents secondaires telles qu'elles viennent d'être développées.

Observations sur l'irrégularité des vents et sur les causes qui les empêchent de se diriger constamment des pôles vers l'équateur.

Les vents varient généralement d'une manière assez régulière dans la zone torride et dans les zones tempérées, jusque sur les parallèles d'environ 35° ; mais, à partir de ces parallèles, leurs variations sont d'autant plus irrégulières qu'ils soufflent plus près des pôles. Des observations météorologiques simultanées, faites avec le plus grand discernement, peuvent seules faire saisir la relation qui existe entre ces derniers et ceux qui règnent sur des parallèles moins élevés. Il convient, toutefois, de faire remarquer que les vents varient beaucoup plus régulièrement dans l'hémisphère austral que dans l'hémisphère boréal, et que les variations continuent à être régulières dans le premier hémisphère jusque sur des parallèles plus élevés que dans le dernier.

Il paraîtrait aussi que, sur les terres et près des côtes, les vents varient plus régulièrement dans les couches supérieures de l'atmosphère qu'aux points correspondants de la surface de la terre.

Plusieurs causes empêchent les vents de suivre constamment le cours régulier dont il a été fait mention. L'air étant en équilibre, c'est le soleil qui, en échauffant les parties de l'atmosphère situées entre les tropiques plus que celles qui sont près des pôles, détermine les courants d'air polaires ; mais une fois que cet astre a mis l'air en mouvement, il n'exerce plus assez d'influence pour en diriger le cours d'une manière régulière : d'abord à cause de la configuration des terres, qui font détourner ces courants d'air de leur direction naturelle ; ensuite parce que l'intensité de ces courants d'air polaires est rarement égale dans les deux hémisphères. Cette différence d'intensité varie suivant la position du soleil, et selon que ces

vents prennent leur origine dans une mer libre ou sur un
continent; telle est, sans doute, la cause principale qui empêche les vents polaires de souffler constamment à la surface
dans toutes les parties des zones tempérées, et qui, par suite,
détermine l'action des vents secondaires, produisant toujours,
là où ils règnent, une perturbation plus ou moins grande dans
l'état de l'atmosphère.

Le soleil, dont l'action est continue, tend constamment à faire
rétablir les vents polaires; mais son influence, qui n'est pas
toujours assez puissante, même entre les tropiques, pour produire cet effet, diminue graduellement en allant vers les pôles,
et il en résulte que les vents sont beaucoup plus variables, et
moins soumis à des règles constantes, dans les zones tempérées et dans les zones glaciales que dans la zone torride.

J'ai divisé l'année en deux saisons : l'une qui commence au
mois d'avril et finit au mois d'octobre ou de novembre, et
l'autre qui commence à l'un de ces deux derniers mois et finit
en avril. Je ne veux pas dire que les saisons changent totalement à ces époques, car les changements ne sont que succes-
sifs, et les différences de saisons ne sont ordinairement bien
marquées qu'entre les mois de juillet, août et septembre, et
les mois de janvier, février et mars, et quelquefois même ces
différences ne sont remarquables que pendant deux mois seulement.

Les vents varient et se remplacent successivement au-dessus
des terres dans le même ordre qu'au-dessus de la surface des
mers; mais la configuration des terres modifie plus ou moins
la direction des vents qui soufflent près du sol, et souvent il
est difficile de saisir la relation existant entre ceux-ci et le
vent normal, qui ne se fait ressentir qu'à une certaine élévation. Un des buts que je me suis proposé en publiant la
deuxième partie est de donner quelques indications pour reconnaître cette relation.

IIᵉ PARTIE.

Des vents sur les terres et sur les côtes.

Les vents peuvent conserver leur direction et leur intensité normales lorsqu'ils passent sur un sol uni ; mais s'ils rencontrent un sol inégal, ils éprouvent des variations qui dépendent de la configuration des terres et de leur propre intensité.

Les *vents polaires* s'élèvent presque toujours subitement, et acquièrent peu de temps après une grande intensité, qu'ils conservent pendant une certaine période dont la durée a été indiquée (page 41) ; par intervalle, les *vents alizés* augmentent aussi de force, et ils la perdent après un certain temps.

Pendant la période de leur plus grande intensité, les *vents polaires* et les *vents alizés*, qui sont les *vents primitifs*, soufflent à la surface ; ils prennent une direction ascendante, lorsqu'ils rencontrent des terres élevées, si elles ne sont pas trop escarpées ; ils parviennent jusqu'au sommet de celles qui sont les plus hautes, ils descendent ensuite sur le versant opposé, et continuent leur cours sur les plaines ou sur la mer. Mais, dès qu'ils se modèrent, ils ne recommencent à souffler sous le vent des terres élevées qu'à une distance plus ou moins considérable du point culminant de ces mêmes terres ; s'ils continuaient à diminuer d'intensité, ils cesseraient bientôt de se faire ressentir à la surface, même au vent de ces terres, mais ils continueraient à souffler à une certaine hauteur au-dessus du sol. Un effet à peu près semblable se reproduit fréquemment sur les terres peu élevées, lorsqu'elles ont été échauffées par l'action du soleil.

Les *vents tropicaux* et les *vents variables de la zone torride*, qui sont les *vents secondaires*, produisent à peu près le même effet ; cependant, comme ils sont plus légers que les *vents primitifs*, ils prennent plus facilement une direction ascendante ; mais ils descendent beaucoup plus lentement, et ils recommencent à souffler à une distance plus grande du point culminant des terres que les vents primitifs de même intensité. La force de ces derniers augmente, lorsqu'ils descendent sur le revers des terres, si les pentes ne sont pas trop rapides et si le sol n'est pas inégal [1], tandis que celle des vents secondaires tend toujours à diminuer.

En général, les vents, soit *primitifs*, soit *secondaires*, qui soufflent de la mer ou des terres basses vers les terres élevées, augmentent de force si ces vents prennent une direction ascendante.

Au vent comme sous le vent des côtes ou des montagnes très-escarpées, les vents ne prennent jamais une direction ni ascendante ni descendante; dans quelques circonstances, les vents horizontaux s'arrêtent à une distance plus ou moins grande, et il fait calme entre la côte ou la montagne et le point où les vents ont cessé.

Des brises de jour et des brises de nuit.

Aussitôt que les vents principaux cessent de souffler à la surface de la terre, il fait calme entre eux et le sol, ou bien il s'y établit des vents particuliers : sur les terres où il existe des différences de niveau considérables et près des côtes, ce sont *les brises de jour* et *les brises de nuit* : celles qui se font ressentir sur les côtes sont ordinairement nommées *brises de mer* et *brises de terre*. J'ai constaté à plusieurs époques, que *les brises de jour* et *celles de nuit* se produisent dans les montagnes des Pyrénées absolument de la même manière et dans les mêmes circonstances atmosphériques que *les brises de mer* et *les brises de terre* sur les côtes [2].

---

[1] C'est peut être à cette cause qu'il faut attribuer la violence des vents de S. O., appelés *pampéros*, qui soufflent dans *Rio de la Plata*. Ces vents descendent en effet, comme un torrent impétueux, par un plan légèrement incliné de la cime des Cordillères jusqu'à la mer.

La même cause peut aussi contribuer à augmenter l'intensité des vents du N. O. au N., appelés *mistral*, qui règnent dans le golfe de Lyon et sur les côtes de Provence; mais cette cause n'est pas unique.

Les vents du N. à l'O. N. O. qui soufflent sur les côtes occidentales de l'Europe, depuis Bayonne jusqu'à la frontière Nord de la Hollande, et qui prennent leur direction entre les Alpes et les Pyrénées augmentent de force, lorsqu'ils sont resserrés entre les montagnes, et ils deviennent encore plus forts, lorsque les ayant dépassées, ils se répandent vers la mer, en suivant les pentes plus ou moins inclinées des terres voisines de la côte.

[2] Voir note E, page 74.

Les brises sont mieux réglées dans les vallées et les baies resserrées entre des terres élevées que dans les vallées, les baies larges et entourées de terres basses; elles le sont aussi beaucoup plus, lorsque les vents *primitifs* soufflent à une certaine hauteur au-dessus du sol, que quand ce sont les vents secondaires. Dans ce dernier cas, les brises sont même interrompues, si les nuages interceptent les rayons du soleil, et c'est ce qui arrive fréquemment pendant leur durée.

L'intensité des brises de jour et des brises de nuit dépend de celle des vents supérieurs et de la distance à laquelle ces vents soufflent de la surface. Dans les parties situées au vent des terres élevées ou des montagnes, les vents principaux se réunissent aux brises de jour dont ils augmentent l'intensité; mais, dans les parties situées sous le vent, ce sont les contrecourants de ces mêmes vents qui rendent les brises de jour plus intenses.

Les brises de nuit sont ordinairement faibles; elles prennent quelque intensité sous le vent des terres, lorsque leur direction se rapproche de celle des vents *principaux*; ces brises deviennent assez fortes au vent des hautes terres, lorsque ces vents ayant de l'intensité soufflent dans les parties élevées sans descendre aux parties les plus basses. Dans le premier cas, les brises de nuit ont un long parcours, dans le second, elles ne se font ressentir que sur une petite étendue.

Les brises augmentent d'intensité, lorsque les vents se rapprochent de la surface; elles diminuent, au contraire, aussitôt que les vents s'en éloignent.

Les brises de jour se dirigent des plaines ou de la mer vers les terres plus élevées; elles suivent les sinuosités des vallées ou des baies entourées de hauteurs; mais, sur les plaines et sur les côtes, leur direction dépend en même temps et de l'intensité des vents *supérieurs* et de la configuration des terres. Sur les côtes situées sous le vent des continents ou des grandes îles, la direction des brises de jour forme ordinairement un angle de 22° avec celle de la côte; cet angle augmente si les vents supérieurs faiblissent; il diminue, au contraire, si ces vents augmentent d'intensité [1].

---

[1] Sur les côtes occidentales d'Afrique au N. et au S. de l'équateur, sur celles du Pérou, sur les côtes occidentales de la Nouvelle-Hollande, de l'île de Madagascar, du golfe du Bengale et de la Cochinchine, ainsi que sur les côtes du

Dans le plus grand nombre de cas, les brises de jour changent plusieurs fois de direction durant la même journée, sur les terres qui ne sont pas très-élevées, mais dont le sol est diversement accidenté. Sur les côtes des climats tempérés, la brise de jour commence souvent à souffler à partir du point de l'horizon qui se trouve sous la verticale du soleil dont elle suit ensuite le mouvement ; on l'appelle alors *brise solaire*.

Les brises de nuit descendent des points culminants des terres vers les vallées ou vers les baies dont elles suivent les sinuosités ; leur mouvement s'exécute d'une manière analogue à celui que prennent les eaux qui s'écoulent des montagnes, vers les vallées ou vers la mer.

D'après la plupart des théories établies, les brises de mer et les brises de terre seraient déterminées par la différence qui existe entre la température de la terre et celle de la mer. « Lorsque le soleil est au-dessus de l'horizon, disent quelques « auteurs, la terre s'échauffe plus que l'eau, et l'air frais de la « mer doit se porter vers la terre : pendant la nuit, au con- « traire, la terre étant plus froide que la mer, l'air se dirige « vers le large. »

Cette explication repose sur des faits qui ne sont pas parfaitement exacts ; car si les brises de mer se dirigent de lieux frais vers d'autres qui le sont moins, les brises de jour dans l'intérieur des terres se dirigent des plaines qui sont échauffées vers les terres élevées qui sont plus fraîches. Les brises de nuit descendent de ces dernières vers les plaines où la température est plus élevée ; mais comme, dans la zone torride, la température est presque toujours plus élevée près du rivage que sur les parties de mer adjacentes ; il s'ensuit que les brises de terre se dirigent souvent des lieux échauffés vers d'autres qui le sont moins.

Il est aussi à remarquer que les brises de mer et les brises de terre sont beaucoup moins régulières près des terres basses que près de celles qui sont élevées, quoique la différence de température de ces mêmes terres avec la mer soit beaucoup plus sensible près des premières que près des hautes terres.

Les brises de jour et les brises de nuit, comme celles de mer et celles de terre, sont souvent interrompues dans les monta-

---

Malabar, la direction de la brise du large forme ordinairement un angle de 22° avec celle des côtes ; mais cette brise se détourne pour entrer dans les baies dont elle suit ensuite les sinuosités.

gnes et sur les côtes, lorsque les terres sont très-échauffées[1] :
ainsi les brises de mer sont très-rares en été, sur une partie
des côtes de l'Algérie, lorsque les vents de N. E., qui sont ordinairement d'une température assez fraîche, soufflent au large
des côtes ; ces vents s'arrêtent même à quelque distance du
rivage, là où les côtes sont élevées et escarpées [2].

Les brises ne s'établissent pas même sur les côtes, lorsqu'il
fait calme en même temps à la surface de la terre et dans les
couches supérieures de l'atmosphère , quoiqu'il existe une
différence sensible entre la température de la terre et celle
de la mer.

Lorsque les vents polaires et les vents alizés ont une grande
intensité, ils parviennent sur le versant de dessous le vent des
terres, et ils continuent leur cours vers la pleine mer ; ils conservent alors plus de force pendant le jour que pendant la nuit ;
cependant dans la zone torride, la température est alors sensiblement plus élevée sur les terres situées près du rivage que
sur les parties de mer adjacentes, et si, dans ce cas, la brise de
mer s'établit, ce n'est que vers 4 heures du soir, à l'instant
où la terre commence à se refroidir.

De tous les faits que je viens de rapporter, et qui se passent
d'une manière analogue dans les diverses parties du globe,
on pourrait, ce semble, conclure que la différence, qui peut
exister entre la température de la terre et celle de la mer,
n'exerce pas d'influence sur les brises alternatives de mer et
de terre. La cause principale qui détermine ces brises, comme
celles de jour et celles de nuit sur les terres, provient cependant de variations de température produites par le mouvement
diurne du soleil ; mais ne serait-ce pas les variations dans le
sens de la verticale, plutôt que dans le sens de l'horizon, car
les premières sont toujours considérables, tandis que les der-

---

[1] Les marins de la Méditerranée disent que quand les terres sont très-échauffées, *elles repoussent le vent*. M. Givry, ingénieur hydrographe de l'expédition
chargée, en 1816, 1817 et 1818, d'explorer les côtes occidentales d'Afrique, a
souvent observé, près de terre, que, pendant qu'il faisait calme et une chaleur
accablante sur le pont de la corvette, un vent frais de N. E. soufflait à la hauteur des hunes. La température, sur le pont, différait alors de 4° à 5° Réaumur
de celle observée dans les hunes.

[2] Il paraîtrait que, dans ce cas, les vents continuent leur cours à une certaine
élévation au-dessus du sol, et que même ils soufflent souvent sur les plateaux
un peu élevés où leur direction est entre le N. et le N. E.; tandis qu'elle varie
entre le N. E. et l'E. à quelque distance de la côte.

nières qui, le plus ordinairement, sont à peine sensibles, devraient produire parfois des effets contraires à ceux sur lesquels la plupart des auteurs ont basé leurs explications.

Il semblerait que les brises ne se font pas ressentir chaque fois que la température décroît uniformément dans le sens de la verticale, mais qu'elles s'établissent là où les différences de température deviennent anormales; ainsi, la température doit décroître plus uniformément lorsqu'il fait calme ou que les mêmes vents soufflent en même temps à la surface de la terre et dans les couches supérieures de l'atmosphère, que quand il fait calme à la surface et qu'il existe en même temps un courant d'air dans les régions élevées; or, ce n'est que dans ce dernier cas que les brises s'établissent.

La différence entre la température de l'air près de la surface de la terre et celle des couches supérieures est toujours considérable, lorsqu'il fait calme à la surface et que les vents primitifs, naturellement froids, règnent dans les hautes régions; cette différence est beaucoup plus petite et quelquefois même pour ainsi dire nulle, quand ce sont les vents secondaires, ordinairement chauds; aussi les brises sont-elles toujours beaucoup moins réglées dans ce dernier cas que dans le premier.

Pendant la durée du beau temps, les brises sont à peu près constantes dans les pays montagneux où la température décroît dans le sens de la verticale d'une manière très-irrégulière; tandis qu'elles s'établissent rarement sur les plaines ou sur les terres basses au-dessus desquelles la température décroît plus uniformément.

Dans tous les cas, et quelles qu'en soient d'ailleurs les causes, quelque temps après que le soleil a paru au-dessus de l'horizon, l'air tend à s'élever de la surface de la terre vers les hautes régions, et, aussitôt que cet astre a disparu, l'air supérieur se rapproche de la surface. L'air monte ou descend dans le sens de la verticale, mais très-lentement; si sa direction s'éloigne de la verticale et si son mouvement d'ascension ou de descente acquiert quelque vitesse, ce n'est que par l'action des vents qui soufflent en dehors et près des limites dans lesquelles ces effets se produisent.

Dans les beaux temps, lorsque les vents tropicaux ont une intensité moyenne et qu'ils soufflent à une distance peu considérable de la surface de la terre, les brises s'élèvent dans les montagnes et sur les côtes, entre 9 et 10 heures du matin; elles

atteignent leur plus grande force entre midi et 3 heures du
soir ; elles faiblissent ensuite progressivement jusqu'au coucher
du soleil. Peu après que cet astre a disparu au-dessous de
l'horizon, la brise de nuit ou de terre commence, elle est un
peu fraîche jusqu'à 8 ou 9 heures du soir, elle devient ensuite
très-faible, souvent même elle cesse totalement, jusqu'à la
pointe du jour ; mais alors elle reprend et elle acquiert sa plus
grande intensité, depuis le lever du soleil jusque vers 8 heures
du matin.

Les brises de jour retardent et faiblissent, à mesure que les
vents principaux s'éloignent de la surface de la terre ; les brises de nuit deviennent moins régulières ; les unes et les autres
sont même interrompues lorsque les vents sont très-éloignés
des points où elles se font ordinairement ressentir.

Les brises avancent et fraîchissent, au contraire, lorsque les
vents principaux se rapprochent de la surface ; mais elles deviennent très-irrégulières lorsque ces vents en sont très-près.
Les vents principaux prennent alors pendant le jour, au vent
des terres ou des montagnes, une intensité telle qu'ils descendent sur les versants opposés, depuis environ 10 heures
du matin jusqu'à 3 ou 4 heures de l'après-midi, et c'est
seulement lorsqu'ils commencent à se modérer au vent, que
les brises du jour ou celles de mer commencent sous le vent ;
mais alors elles continuent à souffler jusqu'à 10 ou 11 heures
du soir.

Lorsque les vents principaux soufflent à la surface, les brises
de jour et de nuit sont interrompues, mais l'intensité du vent
augmente à partir de 8 ou 9 heures du matin ; elle atteint son
maximum entre midi et 3 ou 4 heures du soir, et elle diminue
ensuite graduellement jusqu'à 8 ou 9 heures du matin, heure
à laquelle les vents commencent à reprendre de la force. Ces
effets, qui se produisent dans les mers resserrées et jusqu'à
une assez grande distance de terre, cessent cependant lorsque
les vents du S. à l'O., dans l'hémisphère boréal, et ceux du N.
à l'O., dans l'hémisphère austral, règnent avec un temps couvert ou pluvieux.

Les brises peuvent s'établir alors même que la température
est peu élevée dans les lieux où la configuration des terres les
favorise. J'ai vu, en effet, une brise assez fraîche descendre
quelquefois, en hiver, des montagnes des Pyrénées vers les
plaines qui les avoisinent, et durer pendant une partie de la
nuit. J'ai aussi vu, dans le port du Légué, le thermomètre

étant au-dessous de zéro, une brise d'O. remplacer, pendant la nuit, des vents d'E. qui avaient soufflé durant toute la journée. Au dire des habitants, ces effets se reproduisent chaque fois que les vents du N. E. à l'E. règnent en mer et sur les terres voisines de ce port [1].

Des relations entre les brises de jour, les brises de nuit et les marées atmosphériques.

Il existe, dans plusieurs circonstances, une relation sensible entre *les brises de jour, les brises de nuit* et *les marées atmosphériques* indiquées par les variations diurnes du baromètre. Durant le beau temps, lorsque les brises sont bien réglées, le baromètre commence à baisser vers 9 heures du matin, aussitôt que la brise de jour, qui est ascendante, commence à s'établir ; cette brise atteint son maximum d'intensité entre midi et 3 heures du soir, pendant que la dépression du baromètre est le plus sensible. Vers 4 heures du soir, le baromètre commence à remonter lorsque la brise de jour faiblit. Au coucher du soleil, la brise descend des régions supérieures vers la surface de la terre ; elle est alors assez faible ; elle faiblit encore plus, ou bien elle cesse pendant une partie de la nuit, et elle ne reprend de l'intensité qu'à la pointe du jour ; elle la conserve jusqu'à 8 heures du matin : le baromètre monte ordinairement de 4 à 10 heures du soir ; il redescend ensuite jusqu'à 3 heures du matin, c'est-à-dire pendant que la brise de nuit est faible ou bien qu'elle a cessé ; mais la dépression est beaucoup moindre que de 9 heures du matin à 3 heures de l'après-midi. De 3 à 9 heures du matin, le baromètre remonte d'autant plus vite que la brise de nuit ou la brise descendante a plus d'intensité.

Les marées atmosphériques sont plus régulières que les brises de jour et celles de nuit, mais les mêmes causes les rendent irrégulières. Lorsque les vents primitifs soufflent dans les couches supérieures et qu'il fait calme à la surface de la terre, les brises sont très-régulières, les marées le sont également ; elles sont en même temps beaucoup plus sensibles que dans toute autre circonstance atmosphérique.

Avec les vents secondaires et un temps couvert, il n'existe

---

[1] Le port du Légué est très-étroit et situé entre des terres élevées, au-dessous du plateau sur lequel la ville de Saint-Brieuc est construite : lat. N. 48° 31'.

ni brises, ni marées atmosphériques ; mais si, avec ces vents, le ciel est clair, les variations diurnes du baromètre deviennent un peu sensibles ; les brises peuvent s'établir, mais elles sont alors peu régulières.

Dans plusieurs circonstances atmosphériques et dans quelques localités, les brises de jour ne s'élèvent que vers midi, parfois même après 3 heures du soir (page 57) ; le baromètre ne commence alors à baisser qu'après 9 heures du matin ; mais il y a toujours une dépression plus ou moins sensible à midi, et si la brise de jour continue après le coucher du soleil, ce qui arrive quelquefois, le baromètre remonte plus tard que lorsque les brises sont bien réglées.

Les marées atmosphériques ne retardent jamais de plus de 3 heures, tandis que les brises, soit de jour, soit de nuit, peuvent retarder de plus de 6 heures.

Lorsqu'il fait calme dans les hautes et les basses régions de l'atmosphère, les brises ne se font pas ressentir, mais le baromètre indique les marées atmosphériques qui sont alors faibles. Si les mêmes vents soufflent simultanément dans les couches supérieures et à la surface de la terre, les brises ne s'établissent pas ; alors les marées atmosphériques sont ordinairement peu sensibles ; elles ne le deviennent qu'avec les vents primitifs accompagnés de beau temps. Quel que soit, d'ailleurs, le vent qui souffle à la surface, s'il se dirige de le terre vers la mer, il augmente d'intensité pendant le jour, en même temps que le baromètre descend ; il faiblit, au contraire, durant la nuit, et une partie de la matinée, pendant que le baromètre remonte.

Des courants d'air dans les couches supérieures de l'atmosphère entre Paris et les côtes de l'Océan.

Dans la première partie de cet ouvrage, je me suis occupé du mouvement de l'air dans les régions supérieures de l'atmosphère en ce qui concerne plus spécialement la zone torride ; il ne serait pas sans intérêt de connaître ce mouvement dans les zones tempérées ; mais la question déjà si compliquée pour la première zone où les variations atmosphériques suivent ordinairement une marche assez régulière, le devient beaucoup plus pour les zones tempérées où il est souvent très-difficile de saisir la plus légère régularité dans les mouvements si variés de l'atmosphère.

Je puis cependant donner à ce sujet quelques indications utiles aux personnes qui font des études sur la météorologie. Ces indications se déduisent de mes observations combinées avec le mouvement général de l'atmosphère tel que je viens de le décrire. Mais je ne m'occuperai que des courants d'air dans la partie de la France située entre Paris et les côtes de l'Océan ; car les circonstances atmosphériques se modifient selon la configuration des terres, et ce qui peut être exact pour des lieux rapprochés ne l'est pas pour ceux qui sont plus éloignés ; ainsi les circonstances atmosphériques dans la partie orientale de la France diffèrent souvent de celles de la partie occidentale ; elles ne sont jamais identiques à Bayonne et à Dunkerque, et il existe même quelquefois une différence sensible entre la direction des vents qui règnent à Brest et celle des vents qui soufflent dans les parties de la Manche les plus voisines de ce port.

Il est rare que la direction du vent observé à la surface soit celle du vent normal ; lorsqu'il souffle tant soit peu de la terre vers la mer, sa direction se rapproche de celle des vallées, des fleuves et des baies à la surface de la terre, tandis qu'il conserve son cours naturel dans les régions élevées. Ainsi, lorsque le vent souffle entre le N. N. O. et le N. N. E., il ne varie pas sur les côtes de la Manche ; mais, sur le continent et sur les côtes de l'Océan proprement dit, il se rapproche du N. E., de l'E. et même de l'E. S. E., selon la configuration des terres ; alors le temps est beau, le baromètre élevé, et le vent souffle d'autant plus près du N. E., du N. N. E., du N. et même du N. N. O., qu'il est plus éloigné du sol.

Les vents du S. S. O. au S. S. E., comme ceux du N. N. O. au N. N. E., ont également de la tendance à prendre la direction des vallées, des fleuves et des baies ; il s'ensuit qu'ils se rapprochent de l'E. S. E. et de l'E. à la surface ; mais à une certaine élévation ils conservent leur direction normale. Dans ces circonstances, le baromètre est moins élevé que quand les vents de l'E. et de l'E. S. E. dérivent des vents du N. N. O. au N. N. E.

Lorsque, pendant l'été, les vents du N. à l'E. ou du S. à l'E. sont modérés sur les côtes, ils varient du côté de la terre pendant la nuit, et ils hâlent le large pendant le jour ; plus ils sont faibles, plus leur direction s'éloigne de celle du vent normal, qui continue son cours à une certaine élévation au-dessus du sol ; mais, lorsque les vents ont une grande intensité, ils conservent, pendant le jour, la même direction que pendant la nuit, et dans les régions élevées comme à la surface de la terre.

Pendant la durée du beau temps, le vent principal peut ne souffler qu'à une certaine élévation au-dessus du sol ; alors les brises de jour et celles de nuit, ou les brises solaires, s'établissent entre la terre et le point où le vent cesse de se faire ressentir ; dans maintes circonstances, ces brises, principalement celles de jour, changent plusieurs fois de direction dans la journée et elles ne sont régulières que dans les vallées étroites et entourées de terres élevées. Dans ce cas, pour pouvoir apprécier la direction du vent supérieur, il faudrait d'abord connaître le mouvement général de l'atmosphère. Il est cependant probable que le vent souffle d'une des directions comprises entre le N. et l'E., si le baromètre est plus près de la hauteur qui indique le beau temps que de celle qui indique un temps variable.

Lorsque les vents soufflent entre l'O. et le N. à la surface de la terre, ceux du S. O. règnent au-dessus d'eux ; s'il fait beau temps et que le baromètre soit élevé, ces derniers sont relégués dans les hautes régions ; mais si les vents de l'O. au N. sont accompagnés d'un temps à grains et d'un ciel nuageux, et que le baromètre ne s'élève pas au-dessus du variable, les vents de S. O. ne sont pas très-éloignés de la surface de la terre : ils en sont même très-près, si lés vents de l'O. au N. soufflent en coup de vent ; mais, s'ils avaient la violence de la tempête ou de l'ouragan, les vents du S. au S. E. règneraient probablement au-dessus des vents de l'O. au N., même très-près du sol.

Les vents du S. au S. E. accompagnés de beau temps peuvent, s'ils sont modérés, souffler à la surface et parvenir dans les régions très-élevées ; mais, s'ils ont quelque intensité et que le baromètre ait subi une dépression sensible, les vents du S. au S. O. soufflent au-dessus d'eux, et, si les vents du S. au S. E. étaient violents, des vents du N. au N. O., très-rapprochés du sol, règneraient entre eux et ceux du S. au S. O.

Les vents du S. au S. O. de l'hémisphère austral s'établissent quelquefois au-dessus des vents polaires du N. au N. O. ou du N. au N. E. ; leur présence y est souvent indiquée par des nuages épars, qui se dissipent alors que les vents polaires augmentent d'intensité ; mais si, au contraire, ils venaient à perdre de cette intensité, on verrait les nuages s'épaissir, se rapprocher successivement de la surface de la terre et former ce qu'on appelle *ciel pommelé*. Les nuages, qui d'abord suivent

la direction du S. S. E. ou du S., prennent alors celle du
S. S. O. ou du S. O. ; dans cette circonstance, les vents polaires s'éteignent graduellement, et après un intervalle de calme,
plus ou moins long, ils sont remplacés à la surface, d'abord
par les vents du S. S. E. et ensuite par ceux du S. au S. O.

Les vents du S. à l'O., accompagnés de beau temps, peuvent
parfois souffler simultanément dans les hautes et basses régions; mais ils n'occupent ordinairement qu'une couche peu
épaisse de l'atmosphère; s'ils ont de l'intensité, et que le temps
soit couvert, les vents du N. O. soufflent au-dessus d'eux
d'autant plus près du sol que les vents du S. à l'O. sont plus
forts.

Si les vents de N. O. augmentent d'intensité, ils descendent
à la surface, et les vents du S. O. remontent dans les régions
supérieures ; souvent ces derniers reviennent encore à la surface et les vents de N. O. remontent; ces oscillations, qui se
renouvellent fréquemment, surtout en hiver, déterminent ces
mauvais temps de pluie et de vent qui durent si longtemps
dans la partie occidentale de la France.

L'instant où les vents du S. à l'O. soufflent avec le plus de
force précède ordinairement de très-peu celui où ils vont être
remplacés par les vents de N. O. ; mais les premiers ne reviennent à la surface de la terre qu'à l'instant où les vents du N. O.
sont plus faibles.

Quelquefois les vents du N. E. règnent au-dessus des vents
du S. à l'O.; mais ils tendent à se rapprocher du sol; s'ils y
parviennent, ils sont d'abord accompagnés de mauvais temps ;
alors le baromètre s'élève très-peu ; mais si les vents de N. E.
gagnent successivement les régions supérieures (page 30), le
baromètre remonte en même temps; ces vents finissent même
quelquefois par souffler depuis la surface de la terre jusque
dans les régions les plus élevées de l'atmosphère, et alors le
baromètre atteint son maximum d'élévation.

Si les vents du S. à l'O. étaient forts, ils se maintiendraient
au-dessus des vents du N. E., même à une distance peu considérable du sol, et s'ils augmentaient d'intensité au moment
où les vents du N. E. en perdraient, les vents du S. à l'O. rem-
placeraient ces derniers qui remonteraient vers les régions supérieures. Dans ces circontances qui se reproduisent par intervalles, le temps est plus mauvais et les vents deviennent
quelquefois plus violents que lorsque les vents de N. O. alternent avec ceux du S. à l'O.

Je répéterai ici que je ne donne que des indications générales ; j'ajouterai même que les faits ne se passent pas toujours ainsi que je viens de le décrire ; car, dans les mauvais temps et même dans les circonstances ordinaires, il arrive souvent que les courants d'air sont superposés sans aucun ordre dans les couches supérieures de l'atmosphère.

Observations sur la difficulté de distinguer la direction des vents supérieurs.

La présence des vents du S. à l'O. qui sont généralement chauds et humides est souvent indiquée par des nuages, alors qu'ils règnent à une hauteur considérable ; mais ces signes n'indiquent la présence des vents du N. au N. O., du N. à l'E. et même au S. E., ordinairement secs et froids, que lorsque ces vents, soufflant au-dessus de courants d'une direction quelconque, sont très-rapprochés du sol.

Les vents du S. à l'O. sont assez régulièrement accompagnés d'un temps couvert et pluvieux ; aussi devient-il très-difficile de reconnaître quels sont les vents qui règnent au-dessus d'eux ; ce n'est que par des observations très-assidues, qui permettent de profiter de quelques *éclaircies*, que l'on peut apercevoir des nuages ayant une des directions comprises entre le N. O. et le S. E. en passant par le N. et l'E.

Dans quelques circonstances, les vents du S. à l'O. n'occupent qu'une couche d'air de très-peu d'épaisseur ; alors du sommet des édifices très-élevés, ou à une certaine hauteur dans les montagnes, sans même aller jusqu'à leur cime, on peut souvent reconnaître quels sont les vents qui soufflent dans les couches supérieures [1].

On peut reconnaître de la même manière et en observant les routes suivies par les aérostats, que la direction des vents se rapproche de celle du N., dans les hautes régions, lorsque avec un ciel clair, les vents du N. E. à l'E. règnent à la surface de la terre, et que cette direction se rapproche, au contraire, du S. par les vents du S. E. à l'E.

Il peut arriver que l'observateur le plus assidu ne puisse rien reconnaître dans le mouvement de l'air des couches supérieures de l'atmosphère, pendant un intervalle de temps assez

---

[1] J'ai fréquemment aperçu, étant aux Eaux-Bonnes, dans les Pyrénées, des nuages chassant du N. O. au-dessus de nuages chassant du S. O.

considérable ; mais, avec de la persévérance, il parviendra tôt ou tard à saisir des occasions qui lui permettront de recueillir des données sur ce mouvement. Cette remarque s'applique aux observations faites dans toutes les parties du globe.

Dans le cours de mes longues campagnes, j'ai eu souvent l'occasion de pouvoir distinguer la direction des vents supérieurs ; mais jamais aussi longtemps et d'une manière aussi apparente qu'à Dunkerque, pendant le mois de mai 1854. Après deux jours de durée, les vents qui soufflaient du S. O. passèrent brusquement au N. O. ; les nuages indiquèrent ensuite que les vents de S. O. continuaient leur cours dans les couches supérieures. Les vents de N. O. ne tardèrent pas à varier au N. et ensuite au N. E. ; mais les nuages indiquaient alors que les vents de N. O. régnaient au-dessus de ces derniers et que ceux de S. O. soufflaient dans les régions plus élevées. Peu à peu, les nuages s'éloignèrent du sol, en perdant successivement de leur intensité ; mais ils ne disparurent totalement que trois jours après que les vents eurent varié du S. O. au N. O.

APPENDICE.

Sur les côtes et dans l'intérieur de la France, les vents de S. O. sautent ordinairement à l'O. N. O. Après quelques jours de durée, les vents de cette
dernière direction passent au Nord. Cependant le long des montagnes des Pyrénées, dont la direction est à peu près O. N. O. et E. S. E., les vents de
l'O. N. O. continuent à souffler longtemps après que les vents de N. se sont
établis sur les terres basses. J'ai eu occasion de faire des observations météorologiques au point de rencontre des vents de l'O. N. O. avec ceux du N., et
j'ai remarqué que les girouettes indiquaient souvent des vents de N. à la surface, tandis que les nuages se dirigeaient vers l'E. S. E. ; mais bientôt après
les nuages se dirigeaient vers les montagnes et les vents soufflaient de l'O. N. O.
à la surface de la terre. Ces alternatives se manifestaient plusieurs fois dans
la même journée.

A Port-au-Prince (île d'Haïti), lorsque les vents alizés du N. E. ont une certaine intensité, ce qui arrive fréquemment dans toutes les saisons, ils soufflent
dans la baie pendant la plus grande partie de la journée, tandis que la brise
du large souffle en dehors ; mais la direction de la fumée des habitations situées
sur la montagne qui borde la baie au S. indique par intervalle que cette brise
du large se fait ressentir sur les parties plus ou moins élevées de cette montagne ; parfois elle parvient à la surface de la mer ; alors la fumée se dirige vers
le large, indice assez certain que les vents alizés ont remplacé la brise dans les
couches plus élevées ; bientôt après le vent reprend à la surface, et la brise
remonte vers le sommet de la montagne. Ces alternatives, qui se renouvellent
plusieurs fois dans le même jour, se représentent pendant plus de quatre-vingt-
dix a cent jours dans le courant d'une année.

NOTE B.

Il est à remarquer, en effet, que, principalement dans l'hémisphère boréal, les limites des vents variables de la zone torride du S. au S. O. ayant de l'intensité sont circonscrites dans les lieux où les vents polaires du S. au S. O. de l'hémisphère austral, ne rencontrant aucune terre assez élevée ou assez étendue pour les altérer, peuvent continuer à souffler dans les couches supérieures jusque par une latitude assez élevée dans l'hémisphère boréal. Ainsi, lorsque les vents du S. au S. O., appelés *pampéros*, qui soufflent fréquemment dans Rio de la Plata depuis le mois de mai jusqu'au mois de novembre, ne passent pas sur les terres du Brésil, ils peuvent tout au plus atteindre le méridien de 30° ou 32° Ouest. Or ce méridien est la limite Ouest des vents intenses du S. au S. O. qui soufflent pendant cette saison au N. de l'équateur. Ces vents du S. au S. O. sont ordinairement très-faibles à l'O. du méridien précité, probablement parce que les vents polaires de l'hémisphère austral ayant été altérés en passant sur les terres d'une grande étendue, situées au N. de Rio de la Plata, ne parviennent pas dans cette partie de mer.

La Nouvelle-Zélande et les nombreux archipels, situés entre cette grande île et l'équateur, altèrent dans toutes les saisons les vents polaires de l'hémisphère austral, soit du S. au S. O , soit du S. au S. E., qui arrivent toujours très-modérés près de l'équateur ; et, quand parfois ils le dépassent, ils perdent encore de leur force ; aussi les vents variables de la zone torride, qui parfois s'établissent entre les Moluques et le méridien d'environ 180°, sont-ils généralement faibles.

Les vents du S. au S. O. qui dominent, depuis le mois de mai jusqu'au mois de novembre, dans l'O. des côtes de l'Amérique méridionale, ne rencontrant pas de terres qui puissent les altérer, parviennent toujours à la surface un peu au N. de l'équateur, en conservant une assez grande intensité ; la limite Ouest de ces vents intenses se trouve au point de jonction des vents alizés des deux hémisphères, à peu près sur le méridien de 120° O. ; mais cette limite se rapproche du continent d'Amérique lorsque les vents alizés du N. E. acquièrent de l'intensité.

Les vents polaires du S. au S. O. dominent sur le parallèle de 35° à 36° S., entre le méridien du cap de Bonne-Espérance et celui de la Nouvelle-Hollande, depuis le mois d'avril jusqu'au mois d'octobre ; comme dans la plus grande partie de ces parages ils ne peuvent être altérés par les terres, ils parviennent en passant par-dessus les vents alizés du S. dans la mer d'Arabie, le golfe de Bengale et la mer de Chine, dans lesquelles ils soufflent ordinairement avec force ; mais, dans les parages situés à l'E. des Philippines, ils sont généralement modérés et peu constants, parce que la plupart du temps les vents polaires du S. O. au S. ont dû passer sur les terres de la Nouvelle-Hollande.

Il serait plus difficile de saisir la relation qui existe entre les vents variables de la zone torride du N. au N. O. qui soufflent dans les mers de l'Inde situées au S. de l'équateur et les vents polaires du N. au N. O , car ces derniers doivent toujours être altérés en passant sur le continent de l'Asie. Toutefois les observations météorologiques et les journaux des navigateurs font connaître que, depuis le mois de novembre jusqu'au mois d'avril, les vents de N. O. soufflent assez souvent dans le golfe Persique, dans la partie Nord du golfe du Bengale, sur la côte occidentale de Sumatra et dans le golfe de Tonking ; que ces vents ont plus d'intensité dans le golfe du Bengale et dans celui de Tonking que dans les autres parties de mer que je viens de désigner, et que c'est dans le S. E. de ces golfes que les vents variables de la zone torride du N. à l'O. soufflent avec le plus de force.

Les vents variables de la zone torride du N. à l'O. soufflent très-rarement au S. de l'équateur, entre les côtes occidentales d'Amérique et le méridien des îles de la Société ; mais ils parviennent souvent jusqu'à ces îles, pendant les mois de décembre, janvier, février et mars, parfois même ils y acquièrent une grande force. Ces mêmes vents dominent à cette même époque entre ces îles et la Nouvelle-Hollande ; mais leur intensité y est très-variable, parce que les vents alizés du S. parviennent de temps en temps dans cette partie de mer, et qu'ils y remplacent les vents du N. à l'O.

NOTE C.

M. Dumont-d'Urville a trouvé, le 18 juin 1826, des vents de S. O. et le thermomètre à 9° 5 au, sommet du pic de Ténériffe, tandis que, sur la rade de Sainte-Croix, il y avait des vents faibles du N., du N. E. et de l'E., avec un ciel brumeux.

Du 6 au 7 octobre 1837, lors de la seconde expédition de l'*Astrolabe*, on observa, au sommet de cette même montagne, un vent modéré du N. E., le thermomètre à 9°, pendant que, sur la rade de Sainte-Croix, une faible brise soufflait du S. E. à l'E. N. E.

Eruption de la solfatare de l'île Saint-Vincent. Mémoire lu à l'Académie des sciences, le 3 mai 1819, par M. Moreau de Jonnès. (Annales maritimes, tome X, page 582.)

« A la Barbade, vers sept heures du matin, des nuages peu élevés qui se por-
« taient vers l'île remplirent l'atmosphère de ces injections cinéréiformes que
« la solfatare de Saint-Vincent avait vomies dans la nuit (1er mai 1812); leur
« chute ne commença au Fort-Royal qu'à une heure de l'après-midi, et à la Gua-
« deloupe, vers le soir; la Barbade est située à 35 lieues dans l'E. de l'île Saint-
« Vincent, la Guadeloupe à 75 lieues dans le N. N. O. Ces circonstances indi-
« quent l'existence simultanée des vents de S. S. E. et de l'O. »

Page ... « Sur le sommet de la soufrière de la Guadeloupe, de la montagne
« Pelée et des pitons du Carbet à la Martinique, j'ai constamment retrouvé les
« mêmes brises de l'E. qui règnent dans la région inférieure : la direction des
« nuages que je voyais au-dessus de moi me prouvait qu'à une élévation en-
« core bien plus grande, toute la masse de l'air éprouvait une impulsion identi-
« que. A 1,600 ou 1,800 mètres au-dessus de la surface de la mer, tous les ar-
« bres du versant oriental des grands reliefs des Antilles sont courbés uniformé-
« ment vers l'O. »

Entre autres observations que j'ai faites sur les courants d'air des couches supérieures, j'en citerai qui, confirmant en partie mon opinion relative à ceux qui existent au-dessus des vents alizés, pourront en même temps offrir quelque intérêt aux naturalistes.

Du 17 au 22 octobre 1844, entre le parallèle de 30° de latitude N. et celui de 22° 30′ N., et entre le méridien de 22° 30′ O. et celui de 42° O., j'ai observé les vents alizés du N. E. à l'E. ¼ N. E., accompagnés de beau temps et d'un ciel sans nuages.

Le 25 octobre, il se forma pendant quelques instants, au coucher du soleil, deux couches de nuages. Ceux de la couche supérieure, qui étaient très-élevés, chassaient de l'O. 15° S. ; ceux de la couche inférieure chassaient de l'E. 5° S., tandis que les vents soufflaient de l'E. 15° N. à la surface de la mer.

Le 24 octobre, beau temps, ciel sans nuages, les vents à l'E. 10° N.

Le 25 octobre, très-beau temps ; mais, au coucher du soleil, il se forma trois couches de nuages. Dans la couche inférieure, ils avaient la même direction que les vents de la surface, l'E. 10° N. ; dans la couche intermédiaire, les nuages chassaient du S. 10° E., et dans la couche supérieure, ils avaient la direction du S. 35° O.; après le crépuscule du soir, les vents passèrent de l'E. au S. E.

Le temps resta couvert pendant toute la nuit, et le 26, à la pointe du jour, on aperçut une grande quantité de sauterelles sur le pont et dans le gréement. La frégate était, le 26, à midi, par 21° 20′ de latitude N. et par 50° 25′ de longitude O.

Les mêmes circonstances atmosphériques se maintinrent, et les sauterelles continuèrent à s'abattre sur la frégate jusque dans la matinée du 28 octobre ; alors, le temps qui était à grains depuis le 26 commença à s'embellir ; les nuages suivirent la même direction que les vents de la surface, l'E. 5° S. ; mais, à partir de midi, les sauterelles cessèrent de tomber à bord,

$$\left.\begin{array}{l} \text{Latitude...} \quad 20^\circ\ 35' \\ \text{Longitude..} \quad 55^\circ\ 50' \end{array}\right\} \text{le 28 à midi.}$$

(Journal de la frégate la *Thétis*.)

Plusieurs de ces insectes que je conservai donnaient encore quelques signes de vie longtemps après avoir été recueillis. Dans l'opinion de M. Milne Edwards, à qui je les remis dans le mois de septembre 1847, ces sauterelles devaient venir du continent d'Afrique ; elles auraient donc été transportées dans les couches supérieures de l'atmosphère, sans doute, par les vents alizés, et elles ne se seraient rapprochées de la surface qu'après avoir parcouru plus de 680 lieues marines, et lorsque les nuages eurent indiqué que les vents supérieurs avaient une direction différente de celle des vents de la surface.

Lettre de M. Milne Edwards.

« Monsieur, les sauterelles que vous m'avez remises sont connues des ento-
« mologistes sous le nom de *criquet nomade, acridium peregrinum* (Olivier,
« *Voyage dans l'empire ottoman*), et sont très-communes en Afrique ; il en
« existe au Brésil qui paraissent ne pas différer de celles d'Afrique, mais elles
« n'y sont pas aussi communes, et il y a tout lieu de croire que les bandes que
« vous avez rencontrées en mer venaient de ce dernier continent. Les navigateurs
« ont souvent fait mention de rencontres semblables ; mais je ne pense pas que
« ces insectes aient été vus jusqu'ici à des distances aussi grandes de terre.

« Agréez, etc.

« 1er octobre 1847. »

NOTE D.

VOYAGE AUTOUR DU MONDE PAR LA FRÉGATE LA **VÉNUS**.

Physique, par M. de Tessan, tome V.

Observations sur les courants d'air dans les couches supérieures de l'atmosphère.

DATES.	VENTS à la SURFACE.	DIRECTION des NUAGES.	OBSERVATIONS.
1837.			
14 janv.	N. E.	S. O.	Les vents alizés viennent de s'établir après les vents de N. N. O...................... { lat. 20° 10′ N. long. 22° 51′ O.
15 —	N. E.	S. O.	....
16 —	N. E.	N. E.	....
17 —	N. E.	N. E.	....
19 —	N. N. E.	O. S. O.	Au coucher du soleil...... { lat. 7° 24′ N. long. 26° 49′ O.
22 —	E. 30° S.	O.	.... { lat. 2° 10′ N. long. 29° 17′ O.
23 —	S. 34° E.	1re couche S. 34° E. 2e couche E. 12° N. 3e couche O.	Très-bas..................... lat. 0° 38′ S. .... long. 29° 17′ O. A grande hauteur..........
24 —	S. 12° E.	1re couche S. 12° E. 2e couche O.	Blanche et fouettée........ { lat. 2° 36′ S. long. 34° 29′ O.
25 —	....	....	A peu près la même chose.
27 —	....	....	Quelques traces de la couche supérieure au coucher du soleil.
28 —	E. S. E.	1re couche E. 15° S. 2e couche N. 56° E.	.... { lat. 8° 40′ S. long. 35° 41′ O.
29 —	E. S. E.	Couche sup. O. 37° S.	.... { lat. 10° 56′ S. long. 36° 15′ O.
30 —	....	La direction n'est pas indiquée.	Les deux couches de nuages ont été visibles dans la journée, elles paraissent beaucoup plus élevées que dans les journées précédentes.
31 —	E. S. E.	1re couche E. 4° S. Couche sup. O. 37° S.	Couches rapprochées et très-basses.—Pluie .... { lat. 15° 10′ S. long. 37° 36′ O.
1er fév	....	La direction n'est pas indiquée.	Deux couches de nuages, la supérieure pommelée, l'inférieure très-peu dense. ... { lat. 17° 47′ S. long. 38° 57′ O.
3 —	....	....	Ciel pur et sans nuages.
24 juin.	E. variable au S. E.	....	Deux couches de nuages très-rapprochées, en sens contraire..................... { lat. 0° 15′ N. long. 133° 1′ O. p. 155.

De la page 72 à la page 90.

DATES.	VENTS à la SURFACE.	DIRECTION des NUAGES.	OBSERVATIONS.
1838. 26 janv.	S.O., O.N.O. N., E.N.E.		lat. 11° 1' N. long.101°N'O. p. 206.
29 —	E. N. E.	1re couche E. N. E. 2e couche S.	Couche inférieure basse, la supérieure très-élevée, pommelée, blanche............ lat. 5° 33' N. long.100° 29'O. p. 206.
30 janv. au 1er fév.			Les deux couches sont très-rapprochées. — Ce rapprochement est assez fréquent dans les grains............ lat. 5° 2' N. long. O.100°O. p. 207.
6 mai.	E. 35° S.	1re couche E. 35° S. 2e couche O.	lat. 18° 20' S. long.80° 49' O. p.221.
1839. 20 janv.	O.	Un nuage chasse du Sud.	lat. 42° 15' S. long.126° 15' E. p. 272
27 mars.	E. S. E.		Trois couches de nuages très-rapprochées, et dont l'intermédiaire marchait en sens inverse des deux autres. Celles-ci chassaient du même vent E. S. E. que nous ressentions à bord. Le temps avait un aspect nuageux, mais il n'y a pas eu d'orage, p. 302.
Voyage autour du monde par la BONITE.			
1836. 4 mars.	Joli frais N.	S.	lat. 6° 21' N. long. 23° O. p. 30.
5 —	Petit fr. N. E.	E. S. E. S.	Le matin.................... lat. 5° N. Dans la soirée............ long. 22° 32' O. p. 51.
5 mai.	O. S. O. pendant la nuit passt N. N. E.	N.	lat. 47° 30' S. long. 65° 54' O. p. 93.
19 août.	S. S. O.	N. E.	Nuages élevés............ lat. 2° 39' N. long. 94° 18' O. p. 203.
24 —	S O. et O. S. O.	N. E.	Nuages élevés............ lat. 7° 46' N. long.105° 57' O.p.208.
25 —	O. S. O. de 8 h. à minuit faible vent de N. O.	N. N. E. N. E.	Le changement de la direction des nuages se fait de huit heures à minuit, p. 209.
28 —	O. au calme.	N. E.	lat. 9° 33' N. long. 107° 49', p. 212.
11 sept.	Vents variables de la zone torrid.		lat. 16° 49' N. long.118°0'O.p.226.
1837. 26 mars.	O. S. O.	S. E.	Les nuages montent lentement (golfe du Bengale).... lat. 15° 42' N. long.84°27'E. p. 85, t. II.
18 sept.	Bon frais de S. S. O.	N. E.	lat. 4° 30' N. long.20° 14'O. p. 261.

NOTE E.

Observations sur les brises de jour et les brises de nuit dans quelques parties des Pyrénées ; par M. Lartigue.

Annales maritimes 1843.

Eaux-Bonnes. — Basses-Pyrénées.

Les brises de jour et les brises de nuit se sont fait ressentir à Eaux-Bonnes pendant le mois de juillet 1842, toutes les fois que le temps était beau. Des brises ascendantes s'élevaient vers neuf heures du matin ; elles remontaient la vallée, ainsi que toutes les gorges et les rampes des montagnes un peu inclinées. Ces diverses brises s'élevaient presque simultanément ; mais bientôt celle qui remontait la principale vallée, prenant de l'intensité, la remplissait et entraînait les brises latérales. Quelque temps après que cette brise s'était ainsi établie, les nuages indiquaient qu'elle avait la même direction dans le fond de la vallée, sur les flancs des montagnes et dans les lieux plus élevés.

La brise ascendante acquérait sa plus grande force de midi à 3 heures ; immédiatement après, elle faiblissait graduellement et cessait au coucher du soleil. Peu de temps après, des brises légères descendaient de toutes les gorges, de toutes les parties inclinées des montagnes, et elles se réunissaient à la brise plus fraîche qui s'écoulait du haut de la vallée vers le bas de la côte. Le mouvement de ces brises s'exécutait d'une manière analogue à celui que prendraient les eaux qui s'écouleraient des montagnes vers les vallées. Les brises descendantes fraîchissaient ordinairement au lever du soleil, et elles cessaient vers 8 heures du matin.

Les brises n'étaient plus régulières lorsque le beau temps cessait. Les vents, très-intenses quelle que fût leur direction, nuisaient aussi à leur régularité.

Lorsque les vents, sur les montagnes et sur les terres qui les avoisinent, soufflaient entre le N. et l'E., les brises étaient beaucoup mieux réglées que lorsqu'ils soufflaient entre le S. et l'O.

Les brises se faisaient ressentir dans toute l'étendue de la vallée d'Ossau et dans toutes les petites vallées latérales ; les brises ascendantes paraissaient commencer presque simultanément dans tous les lieux ; cependant elles s'élevaient assez souvent à Laruns avant de parvenir à Eaux-Bonnes, principalement lorsque les vents soufflaient depuis l'O. N. O. jusqu'au N. et à l'E. N. E.

Barèges.

Les brises de jour et les brises de nuit sont plus régulières à Barèges qu'à Eaux-Bonnes ; pendant la durée du beau temps, la brise du jour s'élevait entre

8 et 9 heures du matin ; elle atteignait son maximum de force entre midi et 5 heures, et cessait au coucher du soleil. La brise qui remontait la vallée, en suivait toutes les sinuosités et entraînait les brises latérales, comme à Eaux-Bonnes ; parfois les nuages indiquaient qu'elle parvenait à une grande élévation.

Les brises de nuit se déclaraient ordinairement peu de temps après le coucher du soleil ; elles fraîchissaient au lever de cet astre pour cesser à 8 heures du matin : ces brises descendaient des ravins et des gorges pour se réunir à la brise principale qui venait du haut de la vallée et s'écoulait vers le village de Luz.

Lorsque les vents supérieurs étaient violents ou le temps mauvais, les brises de jour de même que celles de nuit étaient interrompues.

Dans quelques circonstances, les nuages qui passaient au-dessus de Barèges et d'Eaux-Bonnes, ayant une direction ascendante se dissipaient comme par enchantement, lorsqu'ils parvenaient à une certaine élévation. J'ai reconnu que cet effet avait lieu seulement lorsque les vents du N. à l'E., qui sont secs et froids, soufflaient au-dessus des montagnes.

Pic du Midi.

Le 9 août 1842, j'ai observé une brise descendante entre Barèges et le plateau du lac de Houchet, depuis 6 heures jusqu'à 9 heures du matin ; un peu au-dessus du plateau, la brise soufflait de l'O., faible d'abord, mais fraîchissant à mesure que je m'élevais ; elle était cependant modérée au sommet du pic.

Vers midi, je rencontrai la brise ascendante sur ce même plateau, et elle continua jusqu'à Barèges, en suivant comme celle descendante les sinuosités de la route.

Cauterets.

J'ai observé les brises de jour et les brises de nuit à Cauterets et ses environs, du 1er au 16 septembre 1839 ; à cette époque, les brises de nuit étaient plus régulières que celles de jour.

Les brises s'établissent ordinairement entre Pierrefitte et Cauterets, entre Pierrefitte et Luz, à Saint-Sauveur et dans les vallées qui conduisent à Gavarnie et à Barèges.

Bagnères-de-Bigorre.

Lorsque le temps est beau, les brises de jour et les brises de nuit s'établissent à Bagnères-de-Bigorre, situé au pied des Pyrénées ; mais la brise de jour ne conserve pas la même direction pendant toute sa durée ; quelquefois elle souffle, le même jour, de l'O. N. O., du N. O. et du N. ; dans d'autres circonstances, elle commence au N. E., plus tard elle passe au N., et ensuite au N. O.

Après le coucher du soleil, les brises descendaient à Bagnères de toutes les vallées environnantes : celle qui venait de la vallée de Campan et à laquelle se réunissaient toutes les autres, s'étendait quelquefois jusqu'à 45 kilomètres dans le N.

Vallée de Campan.

Dans la vallée de Campan, durant le beau temps, les brises sont bien réglées ; elles s'élèvent ou elles cessent aux mêmes heures que dans les autres parties des Pyrénées.

La brise de nuit qui vient à peu près du S. se distingue facilement des vents de cette direction, que j'ai nommé *vents tropicaux ;* car ceux-ci sont toujours accompagnés de chaleur et souvent d'orages, tandis que la brise de nuit est un peu froide et toujours accompagnée de beau temps.

Dans ces contrées, on donne le nom de *vents d'Espagne* aux vents tropicaux, et on appelle *vents de la montagne* les brises de nuit.

Les brises ne remontaient ni ne descendaient jamais sur le flanc des montagnes ou des collines escarpées ; elles n'étaient sensibles que sur les rampes ou sur les collines inclinées ; elles n'acquéraient quelque intensité que dans les vallées un peu profondes qui s'élèvent en pente douce vers de hautes montagnes.

J'ai remarqué que les brises étaient toujours plus régulières dans les vallées resserrées entre des montagnes peu inclinées que dans les vallées larges et entourées de montagnes très-inclinées ; ainsi j'ai observé que des vents forts se faisaient ressentir à Cauterets, à Eaux-Bonnes, à Luz [1], dans quelques parties de la vallée de Campan et sur tous les plateaux ; mais je ne les ai jamais observés ni à Barèges, ni dans la vallée qui conduit de Pierrefitte à Luz, ni dans celle qui mène de Luz à Barèges.

Lorsque la température était très-élevée dans les montagnes et sur les terres basses qui en sont voisines, les brises de jour devenaient irrégulières, quelquefois même elles ne se manifestaient pas ; mais il arrivait souvent, dans ce dernier cas, qu'un orage éclatait dans l'après-midi, ou dans la soirée.

Pendant les grandes chaleurs, les brises de nuit sont généralement plus faibles et moins bien réglées que les brises de jour ; mais celles-ci sont moins régulières que les brises de nuit lorsque la température se refroidit.

L'ascension des nuages m'a fait quelquefois supposer que les brises ascendantes se manifestaient d'abord à la cime des montagnes ; néanmoins il m'a paru plus ordinairement que ces brises s'élevaient simultanément dans toutes les parties de la même vallée ; mais quelquefois j'ai observé qu'elles commençaient au bas des vallées avant de se faire ressentir dans le haut. Cette dernière circonstance a lieu lorsque les vents principaux se dirigent de la mer ou des plaines de France vers les Pyrénées. Le premier cas a été observé lorsque les vents venaient de l'autre côté des montagnes.

Sur l'*Allier*, près de *Vichy*, j'ai observé, du 17 au 27 juillet 1854, des brises

---

[1] De temps en temps, des vents de S. assez forts soufflent pendant trois jours sur le plateau de Luz ; ces vents ont quelque analogie avec le *sirocco.*

de jour et des brises de nuit régulières, pendant que les vents soufflaient entre le N. et l'E. à une faible élévation au-dessus du sol. Depuis neuf heures du matin jusqu'au coucher du soleil, une brise de N. remontait vers le haut de la rivière. Quelque temps après le coucher de cet astre, la brise descendait, et suivait le cours de cette rivière ; cette même brise acquérait toujours de l'intensité à la pointe du jour ; elle cessait entre 8 et 9 heures du matin et, quoique venant du S., elle était assez fraîche, ce qui la faisait facilement distinguer des vents de cette direction, qui sont ordinairement chauds.

Les brises parvenaient jusqu'à l'établissement thermal, où cependant elles étaient parfois interrompues dans le jour et remplacées par les vents supérieurs. J'ai fait remarquer ces circonstances à quelques officiers de la marine et à d'autres personnes qui se trouvaient alors à Vichy.

Lorsque, durant l'été, les vents qui soufflent entre le N. et l'E. sont très-modérés, la brise de terre et la brise de mer s'établissent dans la baie de Caen ; elles y soufflent alors dans des directions diamétralement opposées ; mais, à mesure que les vents prennent de l'intensité, la direction des brises se rapproche de plus en plus de celle des vents principaux. Lorsque les vents acquièrent une certaine force, les brises cessent ; mais les vents varient un peu du côté du large pendant le jour, et du côté de terre pendant la nuit ; enfin, lorsque les vents sont forts, ils conservent pendant le jour la même direction que pendant la nuit.

TABLE DES MATIÈRES.

Pages.

Avant-Propos... 3
Analyse de la première partie de l'exposition du système des vents...... 9

PREMIÈRE PARTIE.

Du vent et des causes qui le produisent............................ 13
Vents polaires et vents alizés..................................... 14
Vents tropicaux... 15
Vents variables de la zone torride................................ 16
Des vents qui soufflent au-dessus des vents alizés................... 18
Manières dont se forment les vents tropicaux et les vents variables de la
    zone torride.. 20
Des grains, des orages et des calmes aux environs de l'équateur........ 23
Perturbation produite dans l'état de l'atmosphère lorsque les vents supé-
    rieurs descendent à la surface de la terre pour y remplacer les vents alizés. 25
Les vents polaires du N. au N. O. ou du S. au S. O. suivant l'hémisphère,
    qui règnent au delà des parallèles de 60° passent au-dessus des vents tro-
    picaux; ils descendent ensuite à la surface de la terre près de la limite
    équatoriale de ces derniers.. 26
Calme des tropiques... 29
Des effets produits par la rencontre des vents tropicaux avec les vents po-
    laires du N. au N. E. ou du S. au S. E. suivant l'hémisphère......... 29
Ordre dans lequel les vents varient dans les zones tempérées et dans les zones
    glaciales.. 31
Du mouvement de l'air et des nuages dans les couches supérieures de
    l'atmosphère.. 35
Intensité des courants d'air sur la ligne perpendiculaire à leur direction. 40
Période pendant laquelle les vents polaires conservent une grande intensité. 41
Les vents polaires se transportent de l'E. à l'O..................... 41
Les vents tropicaux se transportent dans la même direction que les vents
    polaires, et les lieux occupés d'abord par ces derniers le sont ensuite par
    les vents tropicaux, et réciproquement............................ 41
Espaces occupés par chacun des courants d'air polaires et par les vents tro-
    picaux.. 43
Les limites des vents alizés peuvent se déplacer considérablement à quelques
    jours de distance... 44
Limites entre lesquelles règnent les vents variables de la zone torride ap-
    pelés *mousson du S. O.* ou *mousson du N. O.* dans les mers de l'Inde. 45
Mousson du N. E., mousson du S. E............................... 45

Pages.

Des vents dominants dans les diverses régions........................ 47
Comparaison des vents primitifs avec les vents secondaires............. 47
Observations sur l'irrégularité des vents et sur les causes qui les empêchent
   de se diriger constamment des pôles vers l'équateur,................. 50

DEUXIÈME PARTIE.

Des vents sur les terres et sur les côtes........................... 53
Des brises de jour et des brises de nuit, brises de terre et brises de mer;
   brises solaires... 54
Des relations entre les brises de jour, les brises de nuit et les marées
   atmosphériques... 60
Des courants d'air dans les couches supérieures de l'atmosphère entre Paris
   et les côtes de l'Océan... 61
Observations sur la difficulté de distinguer la direction des vents supérieurs. 65

APPENDICE.

Note A.. 67
Note B.. 68
Note C.. 70
Note D.. 72
Note E.. 74

Paris, imprimerie de Paul DUPONT,
rue de Grenelle-Saint-Honoré, 45.